CONTENTS

PATCH WORK 拼布教室 no.20

Autumn Edition 2020

在秋天漫漫長夜裡，悠閒地進行針線活。正因為是令人無法平心靜氣的日子，所以更想珍惜那接觸心愛布料的片刻時光。小木屋的圖案，正適合用來體驗一針一線密密縫製的時間之趣。

不妨試著一邊仔細地進行配色一邊製作，為口罩生活妝點樂趣的口罩套，以及以機縫迅速完成的便利小物，都是手作人的專屬消遣。

請擅用拼布展現一家團聚，使聖誕節氣氛更加活躍的裝飾布作，或是以拼布為主的家飾，搭配居家手作提案，盡情享受秋天的手作時光。

隨書附贈

原寸紙型＆拼布圖案

以貼布縫描繪的四季花圈

將季節性的花卉以貼布縫縫在拼布上，再裝飾於屋內吧！
本期為大家介紹渾圓蓬鬆地插飾於花瓶裡的插花配置作品。
請細心品味原浩美老師以先染布製作，作品中帶有微妙神韻差異的花朵表情。

攝影／山本和正

①

黃色大波斯菊

黃花大波斯菊搭配地榆與金木樨，保持恰當的間隔，蓬鬆地插飾
於花瓶裡。只要將內側花朵配置為大，外側則小，即可呈現立體
感。橘色、黃色、茶色的花朵在灰色的襯托下，更顯恬靜耀眼的
盎然秋色。

設計・製作／原 浩美　35×45cm　作法P.87

花朵縱向排列的束口袋

將花朵以貼布縫縫於中心帶狀布上的低調設計，極為適合日常使用。將袋口處束緊，即呈現飽滿狀的束口袋，亦可不作綁束直接使用，是一款將側身寬幅作成窄版的簡潔樣式手提袋。

設計・製作／原 浩美　製作協力／大谷聖子
30.5 × 21㎝　作法P.87

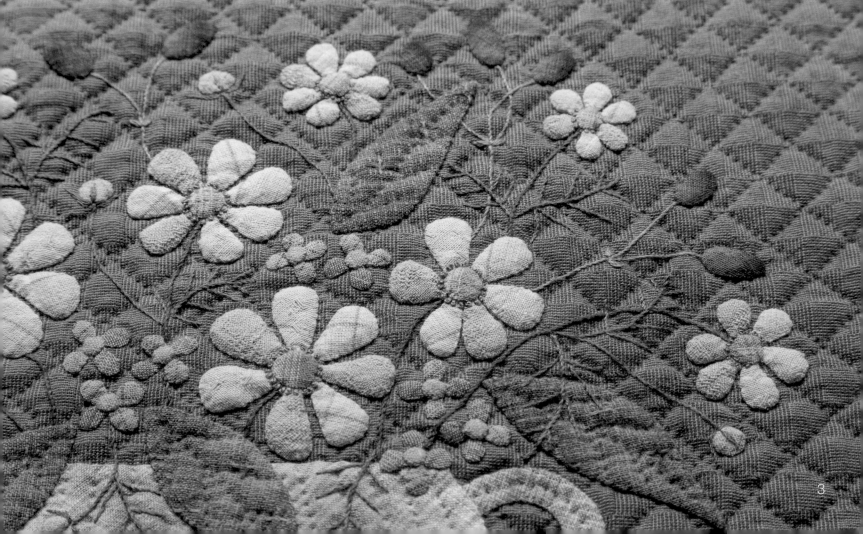

我的小木屋選色企劃

將作出深淺、明暗、色差進行配色的區塊加以併接之後，
使花樣更顯清晰的小木屋圖案拼布。
運用細長布條作出各式各樣設計，樂趣十足。

以零碼布營造出熱鬧活潑的氣氛

在白色印花布上搭配粉紅色、紅色、藍綠色
等，色彩鮮明的拼布。深色部分則像是形成邊
框狀，進行排列的傳統圖案「上梁」風格。全
部使用花布，不僅看起來可愛討喜，就連飾邊
的布端亦裝飾了運用零碼布製作的YOYO球。

設計・製作／柏木久美子　132×132cm
作法P.90

③

於靛藍色上搭配灰色及紫色等帶有深色色調，
極富魅力的肩背包。無須呈現圖案形狀的隨機
配色更顯時尚。

設計・製作／橫田弘美　製作協力／平野美鈴
124×28.5cm　作法P.88

將小木屋圖案與正方形、三角形的區塊斜向併接的波
奇包，一拉開拉鍊，隨即變成箱型。於粉紅色系的表
布接縫立體花飾，更添浪漫氣息。

設計・製作／熊谷和子（うさぎのしっぽ）
11×22cm　作法P.88

將中心部分加大後，增添其他圖案，或放入自己喜愛的印花布，也都充滿樂趣。左側的多用途收納盒加入了「季節」的圖案，右側的抱枕則是以復古印花布圍繞著草莓圖案的印花布製成。

多用途收納盒　設計・製作／円山くみ　10×20×8cm　作法P.92
抱枕　設計・製作／玉井加代美　45×45cm　作法P.7

可置於桌台上
精簡使用的
小型多用途收納盒

口袋

檔布

盒蓋的內側附有2個口袋。
裝上可拆下的檔布及按釦之後，
即可使拉鍊口袋立起，
收納手機與小工具。

於本體上接縫
束口袋樣式的口布

如不使用檔布，
可改以提把固定口袋，
更顯小巧精簡。

將中心的布片加大，並添加了心形的貼布縫。雖然整體上屬於淺色調，但隨處點綴的深粉紅色，及花樣醒目的印花布，作為強調元素更具效果。

設計‧製作／橫田千代子
（Quilt Studio Be you）
57.5×57.5㎝　作法P.95

⑧

P.6抱枕

◆材料
各式拼接用布片　裡布55×50㎝　鋪棉、胚布各50×50㎝　長40㎝拉鍊1條
45×45㎝抱枕芯　1個

◆作法順序
拼接布片A至M，製作正面的表布→疊上鋪棉與胚布之後，進行壓線→於裡布接縫拉鍊，如圖完成縫製。

◆作法重點
○表布圖案的縫合順序請參照P.22。
○周圍的縫份請以Z字形車縫或捲針縫進行收邊處理。

※原寸壓線圖案紙型A面㉑。

裡布

2　　　1.2

41
cm
拉
鍊
開
口

45

2

22.5　　22.5

縫製方法

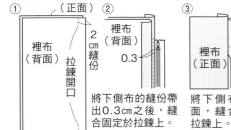

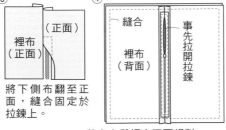

① （正面）
裡布（背面）拉鍊開口
預留拉鍊開口，
將上下縫合。

② 裡布（背面）
2cm縫份
0.3
將下側布的縫份帶出0.3cm之後，縫合固定於拉鍊上。

③ （正面）
裡布（正面）
將下側布翻至正面，縫合固定於拉鍊上。

④ 縫合
裡布（背面）
事先拉開拉鍊
將表布與裡布正面相對疊合縫合，並從拉鍊開口處翻至正面。

正面

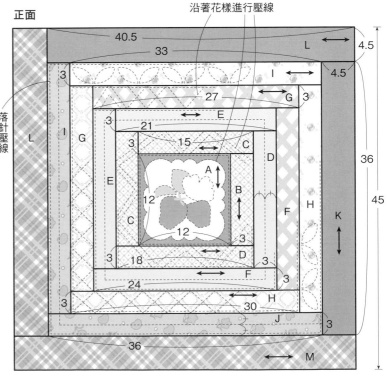

沿著花樣進行壓線

40.5
33
L　4.5
4.5

3
27
I
G　3

E
3
21
15　C
3　　D
E
A
B
12　　F　H
C
12
K
3
3　18　D
F　3
24
H
30
J
3
36
M

45

36

45

落針壓線

7

於小木屋圖案的邊角處添加菱形的布片，使檸檬星圖案浮現出來。在淺駝色、黃綠色與水藍色的布片運用下，讓水藍色的星星散發溫柔的光芒。

設計／大畑美佳　製作／杉平好美
140×108cm　作法P.111

⑩

將圖案的中心比擬為暖爐進行紅色的配色，經常可見於復古的拼布中，並於角落處進行葡萄圖案的貼布縫。

設計／高橋典子　製作／須田淑惠　93×93cm　作法P.91

各式各樣的布片運用

紅色×白色的可愛布片運用。選擇白色花紋的紅色印花布與紅色花紋的白底印花布，創造色彩的流動並加以整合收束。（P.4）

於同色系的藍色上，搭配灰色或紫色，營造帶有深度的色調。隨處可見的白色花紋則具有畫龍點睛之效。（P.5）

清楚地劃分出色彩的明暗度，並將邊角處的2片布片以相同的布製作如同小木屋般的配色。（P.20）

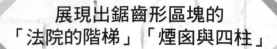

依照左右上下的順序將布片逐一併
接的「法院的階梯」及「煙囪與四
柱」，只要使用與相鄰區塊相同的
布進行排列，就會呈現鋸齒狀的正
方形。

11

看似算盤般的區塊排列而成的典雅
配色拼布。將區塊部分的壓線改成
白底部分，使設計更顯魅力。（法
院的階梯）

設計・製作／中川知子
（Quilt Studio Be you）
119×99cm　作法P.95

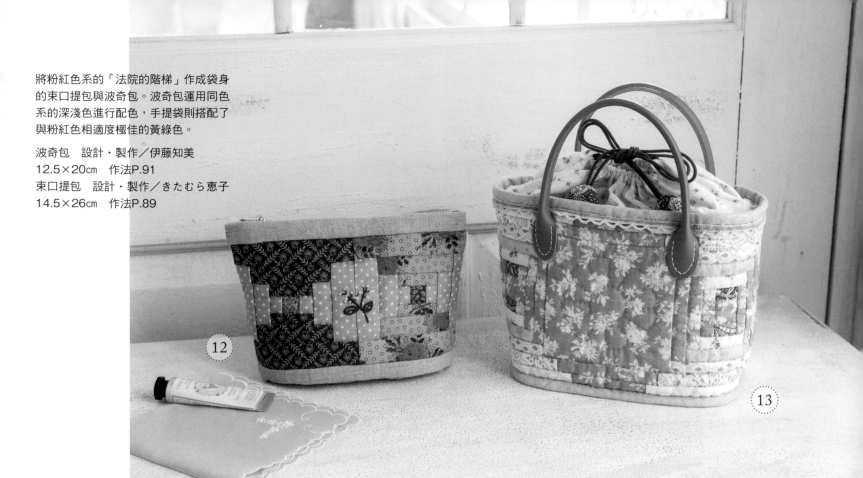

將粉紅色系的「法院的階梯」作成袋身
的束口提包與波奇包。波奇包運用同色
系的深淺色進行配色，手提袋則搭配了
與粉紅色相適度極佳的黃綠色。

波奇包　設計・製作／伊藤知美
12.5×20cm　作法P.91
束口提包　設計・製作／きたむら惠子
14.5×26cm　作法P.89

以紅色將繽紛多彩的鋸齒形區塊加以
收斂其中的餐墊。於區塊的對角線
上，添加了小小正方形布片的「煙囪
與四柱」，將圖案併接之後，就會出
現如同鎖鍊一般的效果。

設計・製作／辻 寿美
45×63cmcm　作法P.90

運用紅色的同色系，將明暗度分成3階段進行配色的「煙囪與四柱」。將中心的布片加大，並增添藍色的花朵圖案為關鍵。

設計・製作／伊藤いし　46.×46.5cm

15

壁飾

◆**材料**

各式拼接用布片　A用布25×25cm　滾邊用 3.5cm斜布條200cm
鋪棉、胚布各50×50cm

◆**作法順序**

拼接布片A至E，製作9片表布圖案，併接成3×3列，製作表布→疊放上鋪棉與胚布之後，進行壓線→將周圍進行滾邊。

◆**作法重點**

○圖案的縫合順序請參照P.23。
○滾邊的邊角請進行邊框縫製（請參照P.84）。

原寸紙型

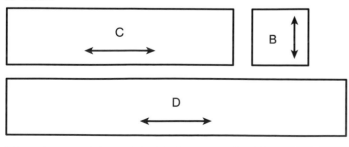

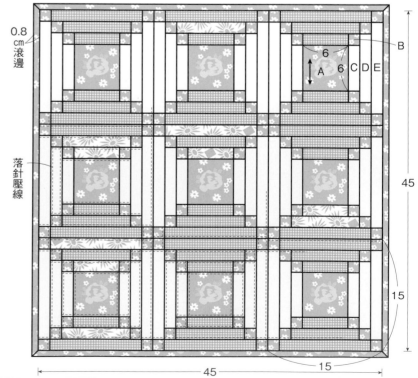

三色拼接的摩登壁飾。將「煙囪與四柱」的區塊排列後，使之呈現藍色的菱形圖案。從拼接布片開始到壓線作業，都是以機縫進行製作。

設計・製作／君島佑子
62×44cm　作法P.111

運用更換配色的2種區塊製作。
使用20片紅色×白色×藍色、4片紅色×白色區塊併接而成。

「煙囪與四柱」的車縫拼接方法

┌────────────────────────────┐

1

1

9

9

將布片ㄅ、ㄇ、ㄉ、ㄋ依照圖示製作，並依記號順序併接布片ㄆ、ㄈ、ㄊ。
（縫份倒向外側）
ㄆ（2.5×4.5）
ㄈ（2.5×6.5）　一律為原寸裁剪
ㄊ（2.5×8.5）

ㄇ、ㄉ、ㄋ ※尺寸一律為原寸裁剪。

ㄇ

2.5

4.5cm
（3cm＋縫份
1.5cm）
白色或藍色

2.5

2.5　2.5

白色或藍色

→

以車縫製作，
裁成寬2.5cm。
布條ㄉ與ㄋ亦以
相同作法製作。

ㄋ

2.5

8.5
（7cm＋縫份
1.5cm）
白色或藍色

2.5

ㄉ

2.5

6.5
（5cm＋縫份
1.5cm）
白色或藍色

2.5

ㄅ

A B C

分成A、B、C的帶狀布製作

A
2.5
（1cm＋縫份1.5cm）

2.5

2.5

準備原寸裁剪 2.5cm 的帶狀布

2.5　2.5　2.5

2.5

→

縫份倒向紅色布片側

以機縫壓布腳為基準進行車縫（縫份0.7cm），並裁成寬2.5cm（1cm＋縫份1.5cm），布條B、C亦以相同作法製作。

A　B　C

接縫ABC，縫份倒向AC側。

為了使星星的形狀與正方形的區塊浮現而進行配色的抱枕。右側與中間的抱枕即便採用相同圖案，但依據布片的數量及寬幅的不同，整個氛圍也會因此徹底改變。

設計・製作／由左往右為高橋晶子 44×44cm
武田朋子 43×43cm　松永田輝子 45×45cm
（指導／藤村洋子）　作法P.104

深茶色的典雅手提袋。將「法院的階梯」的中心製作成4片三角形。後片上接縫了拉鍊口袋。

設計／鈴木淳子　製作／斉藤禮子
30×30cm　作法P.98

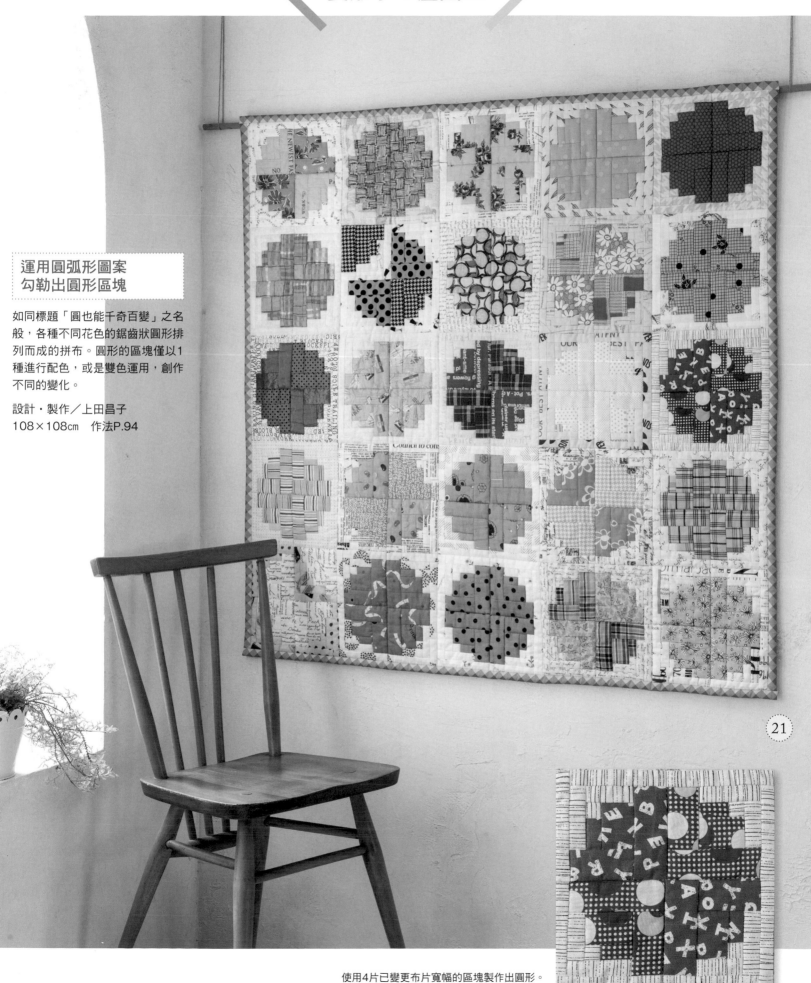

運用圓弧形圖案
勾勒出圓形區塊

如同標題「圓也能千奇百變」之名
般，各種不同花色的鋸齒狀圓形排
列而成的拼布。圓形的區塊僅以1
種進行配色，或是雙色運用，創作
不同的變化。

設計・製作／上田昌子
108×108cm 作法P.94

21

使用4片已變更布片寬幅的區塊製作出圓形。

15

運用圓弧形圖案描繪花圈

運用改變白色、粉紅色、綠底印花布組合而成的區塊，創作宛如緞帶纏繞般的花圈。於區塊的外側亦補足細長的布片，呈現更為柔順的線條。

設計・製作／君島佑子　71×71cm　作法P.96

於區塊外側補足的布片

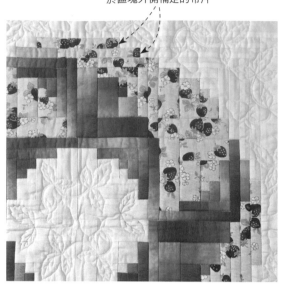

22

23

運用菱形小木屋圖案製成積木方塊

利用3種深淺不同的綠色，製作並排列了6個有如積木方塊般的圖案。再使用色感相搭的粉紅色與綠色進行配色，如花朵般的壁飾。

設計・製作／太田美津子
66×67.5cm　作法P.96

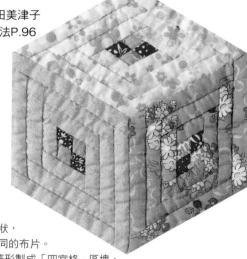

為了強調菱形的形狀，
中心以外使用了相同的布片。
中心處則以4片小菱形製成「四宮格」區塊，
再添加上綠色的互補色紅色後，作成了重點裝飾。

呈現鋸齒狀
三角形的六角形
小木屋圖案

運用雙色營造視覺強弱對比的壁飾與時尚感的手提袋，簡單的配色吸引眾人目光。手提包使用了2種綠色作出變化。

設計・製作／橋本直子
壁飾　168×111㎝
手提包　25×43㎝
作法P.97

將三角形與梯形布片逐一併接成小小的六角形。別名又稱「梨」。

享受搭配的樂趣

在秋日居家內粉飾一系列的古典風

利用穩重沈靜的紅色及粉紅色的花朵圖案,重新裝飾上秋冬的布置。抱枕上描繪著星星的花樣,作為沙發的重點裝飾,成為更顯耀眼的設計。以「法院的階梯」製作的桌旗,周圍則添加了紅色進而整合收束。

設計‧製作／西澤まり子
抱枕　46×46cm
桌旗　42.5×69.5cm　作法P.19
布料提供／株式會社moda Japan

26

27

28

桌旗&抱枕

◆材料
桌旗 各式拼接用布片 紅色素布110×45cm（包含滾邊部分） 滾邊用寬3cm斜布條、直徑0.3cm細圓繩各230cm 鋪棉、胚布各75×50cm

抱枕（1件的用量） 各式拼接用布片 I用布90×50cm（包含裡布部分） 鋪棉、胚布各55×55cm 寬4cm蕾絲220cm 45cm拉鍊1條 45×45cm抱枕芯1個

◆作法順序
桌旗 拼接布片A至E，製作15片表布圖案，併接成3×5列，製作表布→疊放上鋪棉與胚布之後，進行壓線→製作包繩滾邊，並依照左右上下的順序，於周圍疏縫固定→將周圍進行滾邊（邊角請參照P.84進行邊框縫製）。

抱枕（1件的用量） 拼接布片A至H，製作16片表布圖案，併接成4×4列→於周圍接縫上布片I，製作正面的表布→疊放上鋪棉與胚布之後後，進行壓線→於裡布上接縫拉鍊→將已抽拉細褶的蕾絲疏縫固定於正面的周圍上，並依照圖示進行縫製。

◆作法重點
※抱枕周圍的縫份是以捲針縫或是縫紉機的Z字形車縫進行收邊處理。
※圖案的原寸紙型與壓線圖案紙型B面⑮。

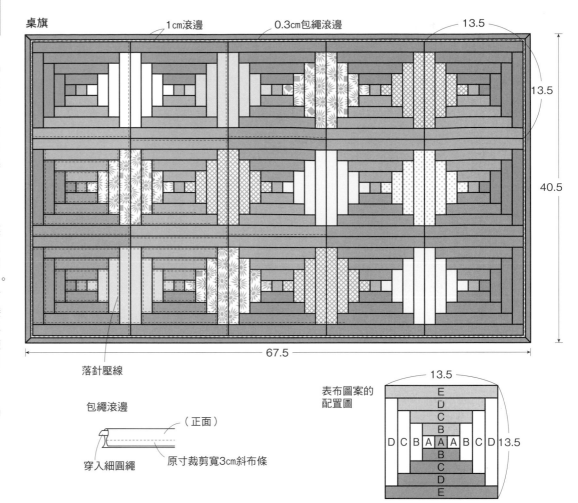

桌旗
1cm滾邊　0.3cm包繩滾邊
13.5
13.5
40.5
67.5
落針壓線

包繩滾邊
（正面）
穿入細圓繩　原寸裁剪寬3cm斜布條

表布圖案的配置圖
13.5
E D C B A A B C D　13.5
E D C B A A B C D
13.5

表布圖案的配置圖
8
G E C F D B A D F H 8
C E G
依照記號順序接縫

抱枕

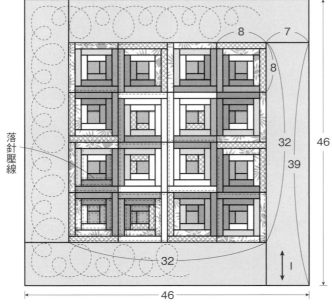

落針壓線
8　7
8
32　39
46
I
32

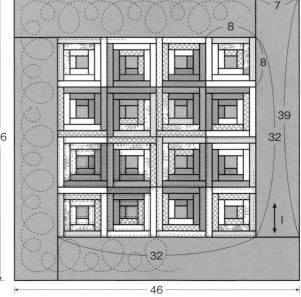

7
8
8
39
32
I
32
46

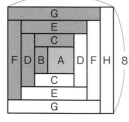

裡布
0.7
0.7
車縫
拉鍊接縫位置
46
7　39

拉鍊的接縫方法
1.5　拉鍊（正面）
①摺疊縫份後，對齊。
②將拉鍊貼放於背面後，進行車縫。
0.7

蕾絲抽拉細褶的方法

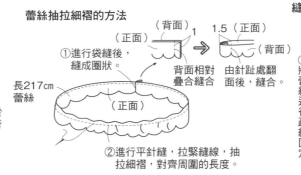

①進行袋縫後，縫成圈狀。
長217cm蕾絲
（正面）
②進行平針縫，拉緊縫線，抽拉細褶，對齊周圍的長度。
（正面）　1　1.5（正面）
（背面）　（背面）
背面相對疊合縫合　由針趾處翻面後，縫合。

縫製方法　已抽拉細褶的蕾絲（背面）

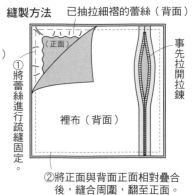

（正面）
①將蕾絲進行疏縫固定
裡布（背面）
②將正面與背面正面相對疊合後，縫合周圍，翻至正面。
事先拉開拉鍊

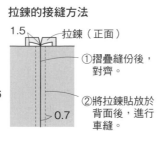

想帶去拼布教室上課的 學習袋與零錢包

將區塊配置成菱形，使深色部分的四方形邊框更顯耀眼突出。由於袋底處縫製了2片尖褶，因此更方便於收納物品，在縫製上也顯得比較簡單。同款的零錢包則以富士山為概念，縫製出如山一樣的形狀。

設計・製作／滝下千鶴子
學習袋　40×39.5cm
零錢包　8×16.5cm
作法P.21

29

30

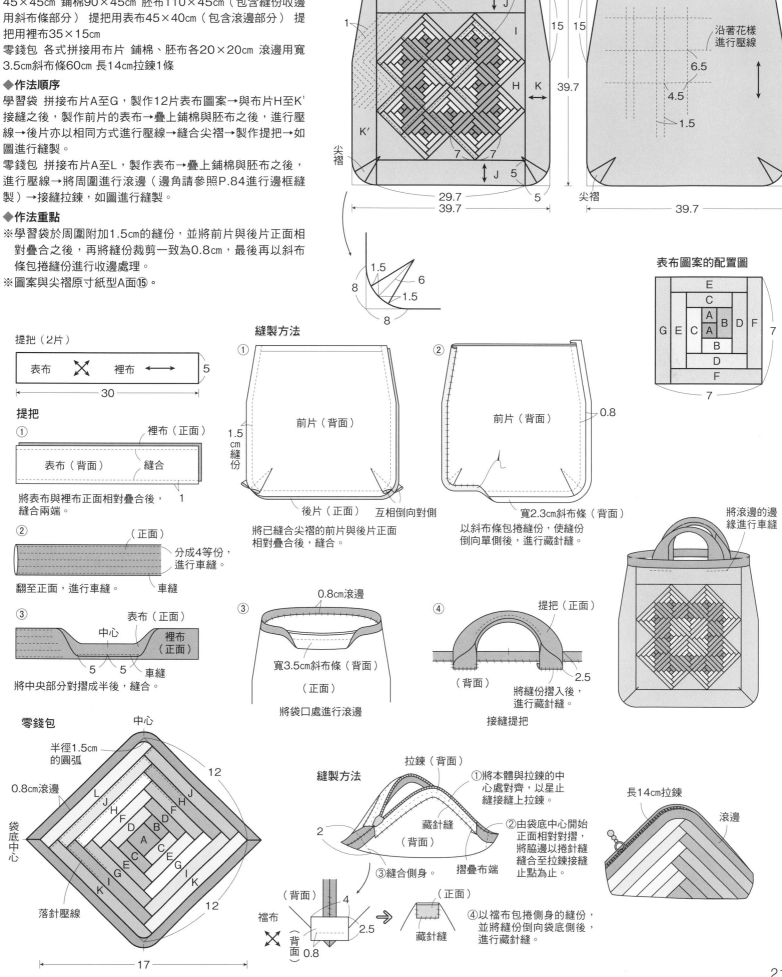

學習袋&零錢包

◆材料

學習袋　各式拼接用布片　J至K'用布45×35cm　後片用布45×45cm　鋪棉90×45cm　胚布110×45cm（包含縫份收邊用斜布條部分）　提把用表布45×40cm（包含滾邊部分）　提把用裡布35×15cm

零錢包　各式拼接用布片　鋪棉、胚布各20×20cm　滾邊用寬3.5cm斜布條60cm　長14cm拉鍊1條

◆作法順序

學習袋　拼接布片A至G，製作12片表布圖案→與布片H至K'接縫之後，製作前片的表布→疊上鋪棉與胚布之後，進行壓線→後片亦以相同方式進行壓線→縫合尖褶→製作提把→如圖進行縫製。

零錢包　拼接布片A至L，製作表布→疊上鋪棉與胚布之後，進行壓線→將周圍進行滾邊（邊角請參照P.84進行邊框縫製）→接縫拉鍊，如圖進行縫製。

◆作法重點

※學習袋於周圍附加1.5cm的縫份，並將前片與後片正面相對疊合之後，再將縫份裁剪一致為0.8cm，最後再以斜布條包捲縫份進行收邊處理。

※圖案與尖褶原寸紙型A面⑮。

學習袋

前片　提把接縫位置　於布片邊緣進行落針壓線　後片　提把接縫位置

5.5　中心　5.5　2.5　2.5　5.5　中心　5.5

沿著花樣進行壓線

1　15　15

I

6.5

H　K　4.5

39.7

1.5

K'

尖褶

7　7

J　5

尖褶

29.7　5　39.7

39.7

1.5　6

8　1.5

8

表布圖案的配置圖

```
        E
        C
      A
    A B   D F
G E C A B D F   7
      B
      D
      F
        7
```

提把（2片）

表布　裡布　5

30

提把

① 裡布（正面）

表布（背面）　縫合

將表布與裡布正面相對疊合後，縫合兩端。　1

② （正面）

分成4等份，進行車縫。

翻至正面，進行車縫。　車縫

③ 表布（正面）　中心

裡布（正面）

5　5　車縫

將中央部分對摺成半後，縫合。

縫製方法

① 前片（背面）

1.5cm縫份

後片（正面）　互相倒向對側

將已縫合尖褶的前片與後片正面相對疊合後，縫合。

② 前片（背面）　0.8

寬2.3cm斜布條（背面）

以斜布條包捲縫份，使縫份倒向單側後，進行藏針縫。

③ 0.8cm滾邊

寬3.5cm斜布條（背面）（正面）

將袋口處進行滾邊

④ 提把（正面）

（背面）　2.5

將縫份摺入後，進行藏針縫。

接縫提把

將滾邊的邊緣進行車縫

零錢包

中心

半徑1.5cm的圓弧

0.8cm滾邊

12

```
  L     J
 J H   H
 H F   F
 F D B D
 D   A   C
 C   E G
 E G   I
 G   I K
 K     K
```

袋底中心

12

落針壓線

17

縫製方法

拉鍊（背面）

①將本體與拉鍊的中心處對齊，以星止縫接縫縫上拉鍊。

藏針縫（背面）

2

②由袋底中心開始正面相對對摺，將脇邊以捲針縫縫合至拉鍊接縫止點為止。

③縫合側身。

摺疊布端

襯布

（背面）　4

2.5

0.8

（正面）

藏針縫

④以襯布包捲側身的縫份，並將縫份倒向袋底側後，進行藏針縫。

長14cm拉鍊

滾邊

以拼接製作的方法

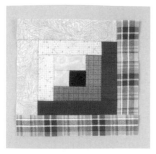

使用裁成長條的帶狀布,於每次接縫時進行剪斷的方法※。縫份一律倒向外側。由中心處開始呈順時針方向逐一接縫。

※當區塊的數量較少時或是想要利用布條時,亦可使用紙型裁布。

製圖

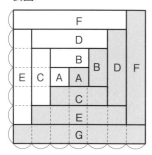

			F			
			D			
		B	B			
E	C	A	A	B	D	F
		C				
		E				
		G				

0.7
（背面）

① 帶狀布是於想要製作的帶狀布寬幅上添加1.5cm縫份後裁剪,僅於單側作上0.7cm的縫線記號。

中心處的布片則附加0.7cm的縫份後,裁成正方形(不需作記號)。

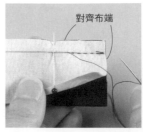

對齊布端

② 將帶狀布正面相對疊合於正方形的布片上,對齊布端,以珠針固定,進行平針縫。始縫點進行一針回針縫,待縫合至正方形的邊端為止,再進行回針縫,並作止縫結固定。沿著正方形的布片裁剪多餘的縫份。

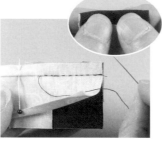

③ 依照針趾摺疊縫份,並以手指按住,作出褶痕後,將布片翻至正面。將下一片帶狀布正面相對疊合,對齊布端,以珠針固定後,縫合。

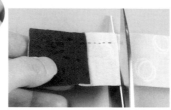

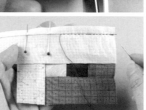

④ 待縫合至布端時,對齊已接縫於第2片上的布片之布端,裁成帶狀布。重複此步驟。

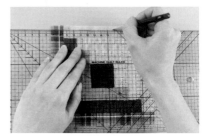

⑤ 待將全部的帶狀布縫合後,由背面以熨斗整燙,使縫份燙開固定。由最外側的針趾處開始測量帶狀布寬幅,並作上記號,描畫周圍的完成線。

以平針壓線翻縫製作的方法

由於是將布片縫合固定於胚布與鋪棉的上方,因此也能夠同時進行壓線。依照拼接製作方法的相同方式準備布片。

沿著邊端摺疊帶狀布,摺出褶痕,作為裁剪位置的基準。

使用小木屋圖案專用鋪棉的平針壓線翻縫方法,於P.71進行解說。

將邊角處對齊對角線

疏縫

① 將鋪棉疊放於尺寸裁剪得較完成線稍大些的胚布上,正確地作上對角線記號後,進行疏縫。將正方形布片置放於中心處,並以珠針固定。

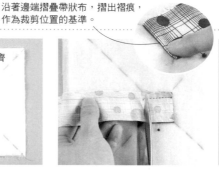

② 將帶狀布正面相對置於正方形布片上,對齊邊端,以珠針固定。依照壓線的要領,挑針至胚布處縫合,對齊正方形布片的邊端,裁剪布片。

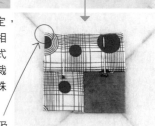

③ 翻至正面,以珠針固定,將下一片帶狀布正面相對疊合,依照相同方式縫合。沿著布端進行裁剪後,翻至正面,以珠針固定。

重點 只要與左上的邊角及對角線準確對齊,圖案的形狀就不致扭曲。

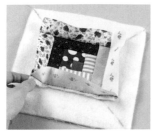

④ 最外側帶狀布的四個邊角,是為了接縫所有圖案時之故,因此要避開鋪棉與胚布,僅縫合帶狀布。

表布圖案的接縫方法

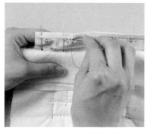

① 於帶狀布的背面描畫完成線,將2片區塊正面相對疊合後,再將鋪棉與胚布僅縫合表布處。

② 縫份可倒向任何一方,再翻至正面。對齊鋪棉,裁剪掉多餘縫份,粗略地進行捲針縫。

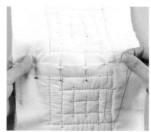

③ 附加1cm的縫份後,裁剪胚布的多餘縫份,摺疊一邊的縫份,再進行藏針縫。

④ 於區塊的接縫處與步驟④中預留未縫的帶狀布接縫處,進行落針壓線。

關於「法院的階梯」的配色

將區塊依照深淺及明暗度進行配色，為了使鋸齒狀的正方形得以浮現，關鍵在於使用與相鄰區塊相同的布料。此作品是將區塊依相同方向排列，以便浮現出大大小小的正方形。（P.18的桌旗）

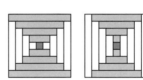

只要交替改變區塊的方向，並像左側一樣地進行配色，相同大小的正方形就會浮現。

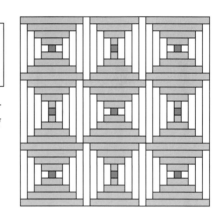

圖案的製圖作法與縫合順序

法院的階梯

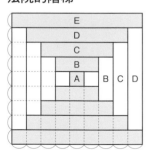

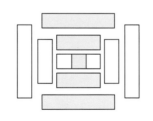

依照由中心往左右上下的順序接縫，縫份倒向外側。

煙囪與四柱

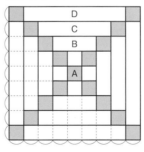

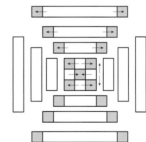

製作中心的「九宮格」區塊，以及兩側接縫了布片A的帶狀布，並依照左右上下的順序接縫。縫份倒向外側。

六角形的小木屋

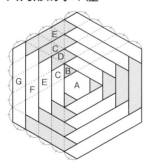

依照由中心往外側的順序接縫成3邊，縫份倒向外側。

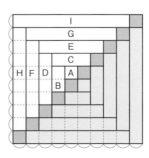

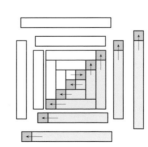

製作中心的「四宮格」區塊，以及單側接縫了布片A的帶狀布，並依照左與上、下與右的順序接縫。縫份倒向外側。

運用拼布
搭配家飾

攝影／山本和正　插圖／木村倫子

以輕鬆愉快的心情裝飾拼布吧！大畑美佳
老師以能夠感受到季節氛圍的拼布與家飾
搭配，推出營造生活感的手作提案。

打造聖誕節氛圍的客廳，
以星星拼布作為主角。

㉜

㉛

在「伯利恆之星」的圖案上以貼布縫縫了聖誕紅及
鈴鐺的華麗壁飾，立即使屋內轉換成聖誕節的氣
氛。聖誕樹則使用迷你壁飾的小飾品，展現拼布人
風格的裝飾。無論是房屋造型的小物收納盒，或以
「小木屋」圖案勾勒的花圈壁飾也都完美搭配，充
滿濃濃的聖誕節快樂氣圍！

大壁飾　155.5×155.5cm　設計・製作／渡辺敦子
壁飾　42.5×42.5cm
房屋造型的小物收納盒　12×16×18cm
迷你壁飾　21.5×21.5cm
設計・製作／大畑美佳
迷你壁飾協力製作／加藤るり子　作法P.26、P.27
攝影協助／有待和子（雪人製作）

24

34 ～ 42

33

小物收納盒以屋頂當成
盒蓋使用。利用包釦表
現積雪的模樣。

伯利恆之星 壁飾

●材料
各式拼接用布片、貼布縫用布片 鈴鐺用金蔥布50×30cm　B、C用布110×165cm 鋪棉、胚布各100×300cm 滾邊用寬4cm斜布條630cm 直徑1.5cm包釦用芯釦12顆 25號繡線、直徑0.4cm金色珍珠各適量

◆作法順序
拼接布片A，並與布片BC接縫→進行貼布縫、刺繡之後，製作表布→疊上鋪棉與胚布之後，進行壓線→製作包釦，以藏針縫固定→將周圍進行滾邊（滾邊的邊角請參照P.84進行邊框縫製）。

※布片A原寸紙型與貼布縫圖案紙型B面⑫。
※刺繡方法請參照P.94。
※布片B的壓線線條請依個人喜好改變方向。

房屋造型小物收納盒

●材料
本體用表布、裡布各55×35cm 屋頂用表布45×35cm（包含胚布部分） 鋪棉55×55cm 塑膠袋物底板50×35cm 直徑1.8cm・2.3cm・3cm包釦用芯釦計28顆 寬2cm蕾絲20cm 直徑0.4cm珍珠1顆 各式貼布縫用布、旗幟用布 25號繡線各適量

※布片A與B窗戶原寸紙型B面⑩。
※刺繡方法請參照P.94。

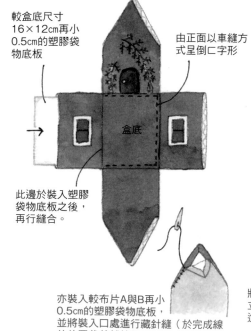

較盒底尺寸16×12cm再小0.5cm的塑膠袋物底板

由正面以車縫方式呈倒匚字形

此邊於裝入塑膠袋物底板之後，再行縫合。

亦裝入較布片A與B再小0.5cm的塑膠袋物底板，並將裝入口處進行藏針縫（於完成線的位置裁剪鋪棉）。

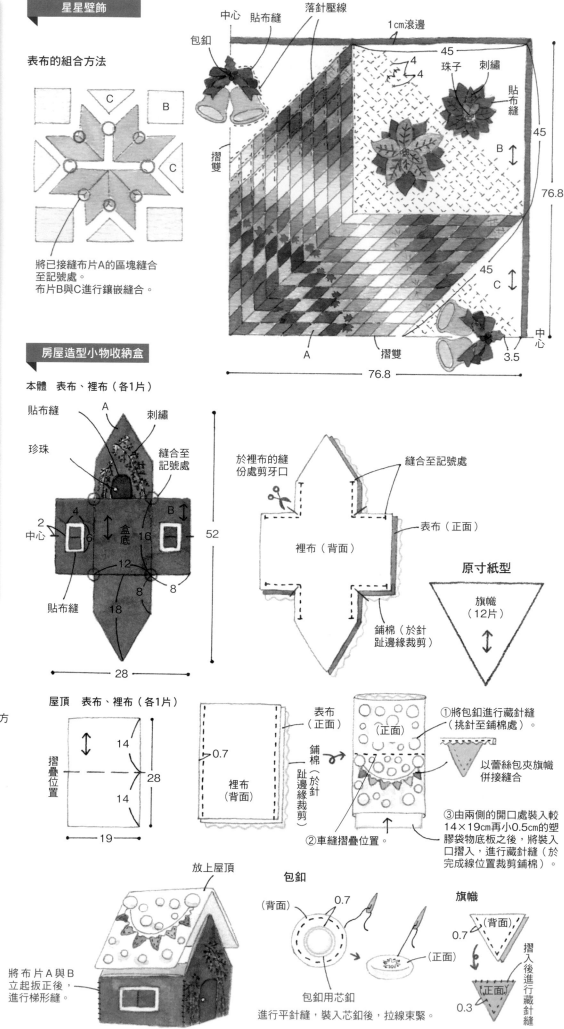

星星壁飾

表布的組合方法

將已接縫布片A的區塊縫合至記號處。
布片B與C進行鑲嵌縫合。

房屋造型小物收納盒

本體　表布、裡布（各1片）

貼布縫　A　刺繡
珍珠
縫合至記號處
4　2　中心　盒底　B
6　16
12
8　8
貼布縫　18
52
28

屋頂　表布、裡布（各1片）

摺疊位置
14
28
14
19

於裡布的縫份處剪牙口
縫合至記號處
表布（正面）
裡布（背面）
鋪棉（於針趾邊緣裁剪）

原寸紙型
旗幟（12片）

表布（正面）
0.7
裡布（背面）
鋪棉（於針趾邊緣裁剪）
②車縫摺疊位置。

（正面）
鋪棉（於針趾邊緣裁剪）

①將包釦進行藏針縫（挑針至鋪棉處）。
以蕾絲包夾旗幟併接縫合

③由兩側的開口處裝入較14×19cm再小0.5cm的塑膠袋物底板之後，將裝入口摺入，進行藏針縫（於完成線位置裁剪鋪棉）。

放上屋頂

將布片A與B立起扳正後，進行梯形縫。

包釦
（背面）　0.7
（正面）
包釦用芯釦
進行平針縫，裝入芯釦後，拉線束緊。

旗幟
（背面）　0.7
（正面）
摺入後進行藏針縫
0.3

花圈壁飾

●材料

各式拼接用布片 I、J用布35×20cm K用布80×35cm（包含滾邊部分） 鋪棉、胚布各50×50cm 寬1.8cm緞帶50cm 寬2cm鈴鐺1個

◆作法順序

拼接布片A至F之後，製作8片小木屋的區塊（縫合順序請參照P.22），並與已接縫布片GH的區塊併縫→於周圍接縫布片I至K，製作表布→疊上鋪棉與胚布之後，進行壓線→將周圍進行滾邊→將鈴鐺、已繫成蝴蝶結的緞帶縫合固定。

※布片A至H的原寸紙型A面⑧。

迷你壁飾裝飾品

●材料

相同 各式拼接用布片、貼布縫用布片 台布（僅限No.34、No.36、No.37、No.39）、鋪棉、胚布各25×25cm 滾邊用寬3.5cm斜布條95cm

No. 34 包釦用芯釦直徑2.3cm2顆、直徑1.2cm3顆

No. 36 直徑1.2cm包釦用芯釦15顆 25號綠色・紅色繡線適量

No. 37 直徑1.2cm包釦用芯釦3顆 寬0.5cm緞帶35cm

No. 39 寬0.6cm緞帶50cm 直徑0.4cm珍珠3顆
寬0.9cm星形閃亮飾片14個 25號黃色繡線適量

No. 40 直徑2cm毛絨球1顆 寬0.7~1.2cm星形閃亮飾片8個

No. 41 直徑2cm毛絨球1顆 直徑1.2cm包釦用芯釦2顆

◆作法順序

進行拼接布片、或是貼布縫與刺繡之後，製作表布→疊上鋪棉與胚布之後，進行壓線→將周圍進行滾邊。

※包釦、珠子、緞帶、毛絨球則於壓線後縫合固定。閃亮飾片以白膠黏貼在喜歡的位置上。

※No.35維吉尼亞之星、No.38聖誕樹、No.40樹木、No.42腳踏石圖案的縫合順序請參照P.80。

※原寸紙型與貼布縫圖案紙型A面⑪（No.39除外）。

※刺繡方法請參照P.94。

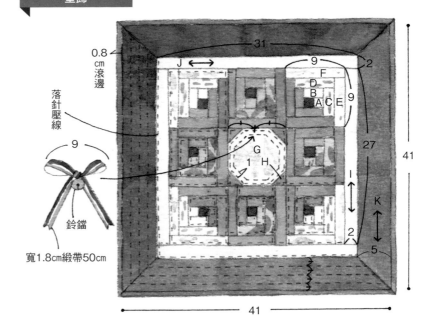

壁飾

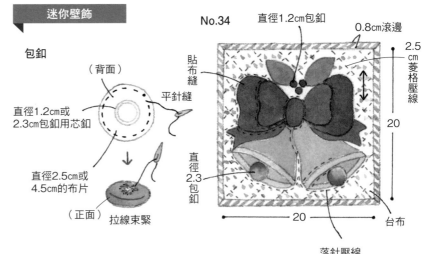

迷你壁飾

No.34

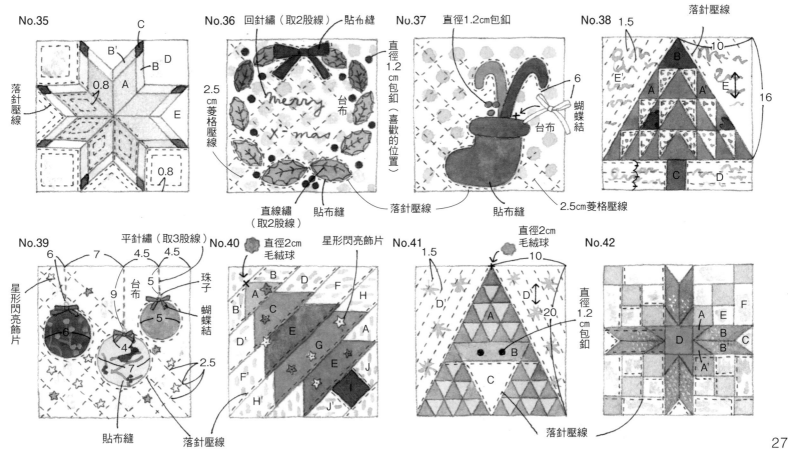

27

想要製作傳承的
傳統拼布

長年以來一直持續鑽研拼布的有岡由利子老師，所製作的傳統圖案美式風格拼布，懷舊且樸素的手作風格，成為一股現代的清流。

43

44

提籃

將附提把的籃子具體化表現的「提籃」，是一直以來極富人氣的圖案。
多數是以三角形表現籃子部分的設計。
將斜向添加提籃的設計靈活運於正方形之中，
形成了斜向配置的菱形設定。
以原色為底色，再搭配上海軍藍、紅色、茶色的提籃，
並在飾邊與素色區塊上，添加了傳統的羽毛壓線。
抱枕附上飾邊，作出簡約設計。

設計・製作／有岡由利子
壁飾 107×87cm　　抱枕 30×30cm　　作法P.31

拼布的設計解說

提籃斜向添加於正方形之中的圖案。藉由將三角形以深淺色調進行配色，表現具有間隔感的籃子。進行配色時，只要在底色與圖案部分上，利用色彩、深淺、亮度等元素作出差異，即可襯托鮮明的設計。

關於壓線

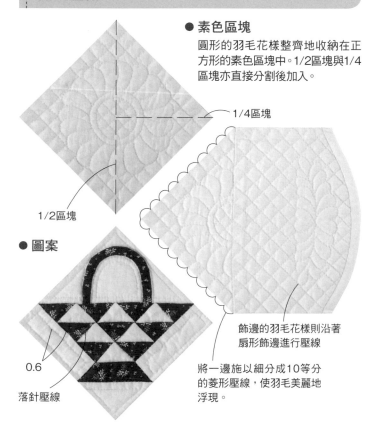

● 素色區塊

圓形的羽毛花樣整齊地收納在正方形的素色區塊中。1/2區塊與1/4區塊亦直接分割後加入。

1/4區塊

1/2區塊

● 圖案

0.6

落針壓線

飾邊的羽毛花樣則沿著扇形飾邊進行壓線

將一邊施以細分成10等分的菱形壓線，使羽毛美麗地浮現。

將「愛爾蘭鎖鍊」圖案與素色區塊進行菱形配置的1830年代的復古拼布。於素色區塊上進行圓形羽毛的壓線。

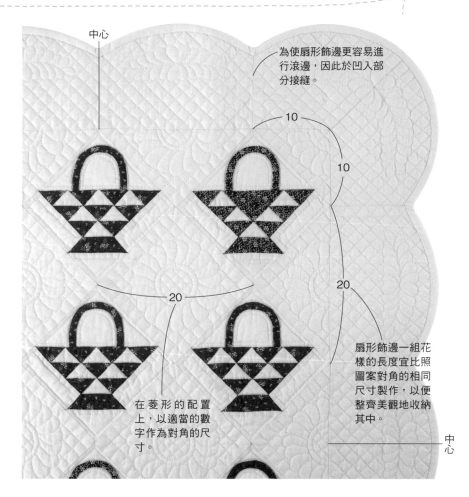

中心

為使扇形飾邊更容易進行滾邊，因此於凹入部分接縫。

10

10

20

20

在菱形的配置上，以適當的數字作為對角的尺寸。

扇形飾邊一組花樣的長度宜比照圖案對角的相同尺寸製作，以便整齊美觀地收納其中。

中心

關於扇形飾邊

扇形飾邊意指進行宛如扇貝般，呈波浪形的線條或形狀的裝飾之意。賦予著希望一生都圓圓滿滿（安定順利）祝福意涵的圖案，一直以來都被使用在裝飾上。在拼接布片中，除了本期介紹的飾邊線條之外，並在1800年代前半期的拼布中，亦常作為壓線圖案。

扇形設計的壓線

利用深色的單色印花布營造視覺層次感的配色

若在原色或白色素布上搭配色彩較深的小碎花印花布，圖案的形狀就會顯得更加鮮明。只要減少顏色的數量並簡單製作，即可營造復古拼布風。

將3片已接縫了布片A的帶狀布併接後，再接縫2片布片B，並將布片C進行鑲嵌縫合，製作提籃的本體部分。接著，將已貼布縫上提把的布片E與D接縫於本體上。此處為了避開有厚度的縫份後縫合，因此全部皆由記號處縫合至記號處。在固定珠針時，請避開縫份。

● 縫份倒向

● 製圖

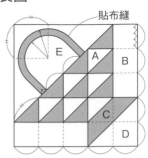

1 附加0.7cm縫份，裁剪2片布片A。

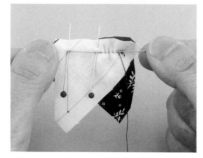

2 將2片正面相對疊合，對齊記號處之後，以珠針固定兩端及中心。由記號處開始進行一針回針縫，以平針縫縫至記號處。止縫點亦進行回針縫。

3 縫份一致裁剪成0.6cm左右，並倒向深色布片側後，再將相鄰的布片A正面相對疊合，以珠針固定，由記號處縫合至記號處。

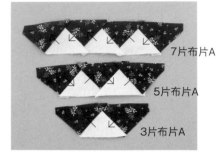

4 依照相同方式，將布片A接縫必要片數，製作3條帶狀布。縫份單一倒向一側，依上下的帶狀布變換傾倒方向。

7片布片A

5片布片A

3片布片A

5 將所有的帶狀布正面相對疊合，對齊記號處，並以珠針固定兩端、接縫處、其間。由於另一側帶狀布接縫處的縫份是倒向右側，因此請避開縫份後，以珠針固定。由記號處開始縫合至接縫處的邊角，進行一針回針縫。

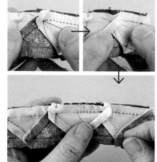

將針刺入邊角後，再往相鄰布片A的邊角出針，進行一針回針縫之後，再次縫合。進行回針縫時，只要稍微用力一點拉線，邊角就不會歪斜錯位。

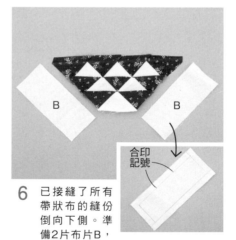

6 已接縫了所有帶狀布的縫份倒向下側。準備2片布片B，接縫於兩側。布片B是在相當於布片A接縫處的位置上畫上合印記號。

合印記號

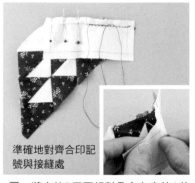

7 將布片B正面相對疊合在布片A的區塊上，並以珠針固定兩端、接縫處、其間之後，由記號處縫合至記號處。縫份倒向布片B側。

準確地對齊合印記號與接縫處

8 於區塊的凹入部分，將布片C以鑲嵌縫合方式接縫上去。首先，以珠針固定第1邊，由記號處開始縫合至邊角的記號處。

於邊角進行一針回針縫，拉線之後，休針，並以珠針固定第2邊。在此縫合至邊角的記號處。依照相同方式，進行至第3邊。

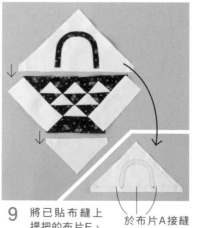
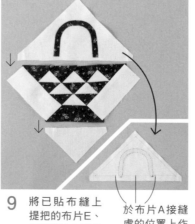

9 將已貼布縫上提把的布片E、D接縫於本體的區塊上之後，完成縫製。

於布片A接縫處的位置上作上合印記號。

貼布縫的方法

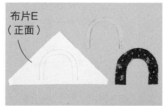

布片E（正面）

使用提把的紙型，於布片E的正面與貼布縫用布的背面上添加記號。貼布縫用布附加0.5cm縫份後裁剪，並於弧線縫合處細剪牙口（縫份寬度的2/3左右）。

將抹刀貼放於記號處後，於縫份處作出褶痕，置放在布片E上，對齊記號處後，以珠針固定，一邊將縫份摺入，一邊進行立針縫。

●材料

壁飾 各式拼接用布片 白色素布110×220cm（包含滾邊部分） 鋪棉、胚布各100×115cm

抱枕 藍色印花布90×35cm（包含裡布部分） 白色素布50×20cm 鋪棉、胚布各35×35cm 手藝填充棉花適量

●製作順序

壁飾 拼接布片A至E，進行貼布縫之後，製作12片表布圖案→接縫表布圖案與6片布片F、10片布片G、4片布片H→接縫布片I與JJ'後，製作上下左右的飾邊，並接縫於周圍之後，製作表布→疊放上鋪棉與胚布之後，進行壓線→將周圍進行滾邊。

抱枕 拼接布片A至E，進行貼布縫之後，製作表布圖案，並接縫布片F→於周圍接縫布片G，製作正面的表布→疊上鋪棉與胚布之後，進行壓線→將裡布正面相對疊合後，預留返口，縫合周圍→翻至正面，塞入手藝填充棉花，以捲針縫縫合返口。

圖案⊗的接縫方法

縫份倒向

壁飾

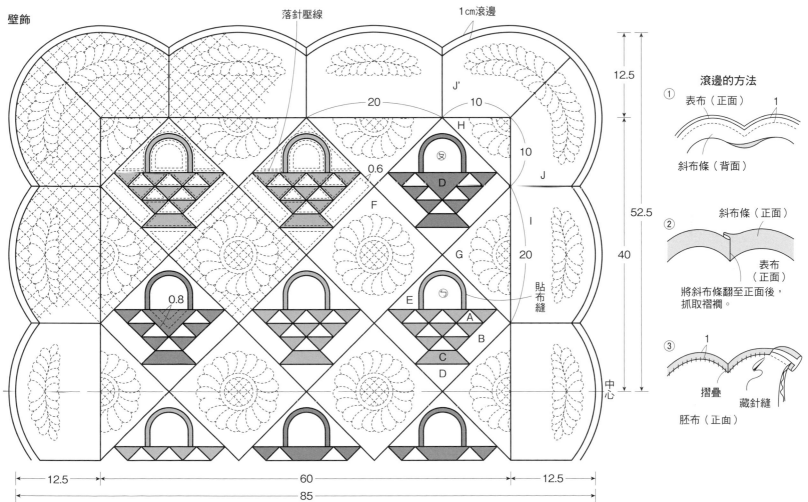

落針壓線
1cm滾邊
12.5
20　10
0.6
52.5
40
20
貼布縫
H
J'
J
I
G
F
E
A
B
C
D
12.5　60　12.5
85
中心

滾邊的方法

① 表布（正面）　1
　斜布條（背面）

② 斜布條（正面）
　斜布條（背面）
　表布（正面）
　將斜布條翻至正面後，抓取褶襴。

③ 1
　摺疊
　藏針縫
　胚布（正面）

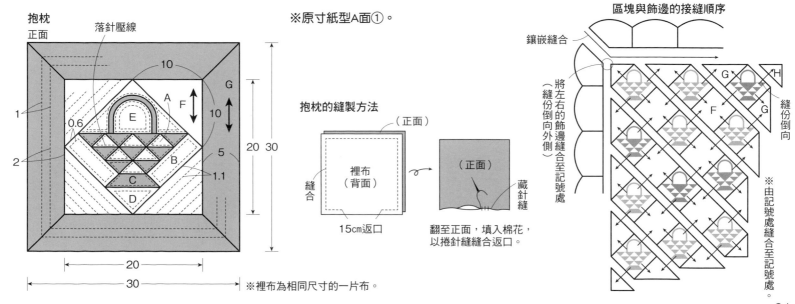

抱枕
正面

落針壓線
10
G
A F
E
0.6
1
2
B
C
D
20　30
5
1.1
20
30

※原寸紙型A面①。

抱枕的縫製方法

（正面）
裡布（背面）
縫合
15cm返口

（正面）
藏針縫
翻至正面，填入棉花，以捲針縫縫合返口。

※裡布為相同尺寸的一片布。

區塊與飾邊的接縫順序

鑲嵌縫合
將左右的飾邊縫合至記號處（縫份倒向外側）
G　H
F　G
縫份倒向
※由記號處縫合至記號處。

動手製作口罩套！

除了自用之外，
當作贈禮也相當討喜的口罩套。
在此介紹可作為存放使用的盒型口罩盒及攜帶用
的口罩套。

攝影／島田佳奈（P.32）山本和正　插圖／三林よし子

45

46

戴著口罩的貓咪，引人注目的小化妝箱型口罩盒及對摺型口罩套。
建議小化妝箱型口罩盒可放在家中，用來收納存放的大量口罩。
對摺型口罩套內附2個口袋，以便用來收納備用與取下來使用過
的口罩。

設計・製作／出口えつ子
No. 45　14×23×6cm　No. 46　21×14cm　作法P.33

open

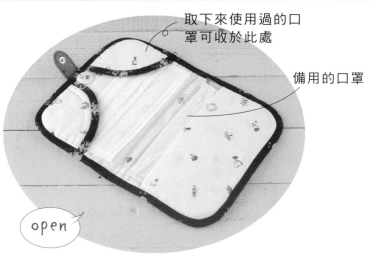

取下來使用過的口
罩可收於此處

備用的口罩

open

●材料

No. 46　各式貼布縫用布片、各式包釦用布片　表布、鋪棉、胚布各30×25cm　內布70×25cm（包含口袋部分）　滾邊用寬3.5cm斜布條140cm　長6cm皮革製釦絆1組　寬1cm蕾絲160cm　直徑1.2cm包釦用芯釦8顆　直徑2.4cm包釦用芯釦1顆　直徑0.2cm珠子2顆　25號繡線適量

No. 45　各式拼接用布片、各式貼布縫用布片　盒身用布70×25cm（包含布片D、E、袋底部分）　鋪棉70×30cm　胚布90×30cm（包含裡布、內口袋部分）　滾邊用寬3.5cm斜布條210cm　長9cm皮革製釦絆1組　長60cm雙開拉鍊1條　直徑2.4cm包釦用芯釦1顆　寬1cm蕾絲280cm　直徑0.2cm珠子2顆　25號繡線適量

◆製作順序

No. 46　疊放上表布、鋪棉、胚布之後，進行壓線→進行貼布縫與刺繡（參照P.94），接縫上包釦與蕾絲，製作正面→製作口袋→如圖進行縫製。

No. 45　拼接布片A至E之後，進行貼布縫，製作盒蓋的表布→疊上鋪棉與胚布之後，進行壓線→如圖製作盒蓋→將盒底與盒身依相同方式進行壓線→製作盒身→如圖進行縫製。

◆作法重點

○包釦的作法請參照P.26。
○原寸紙型、貼布縫圖案為紙型A面⑬。

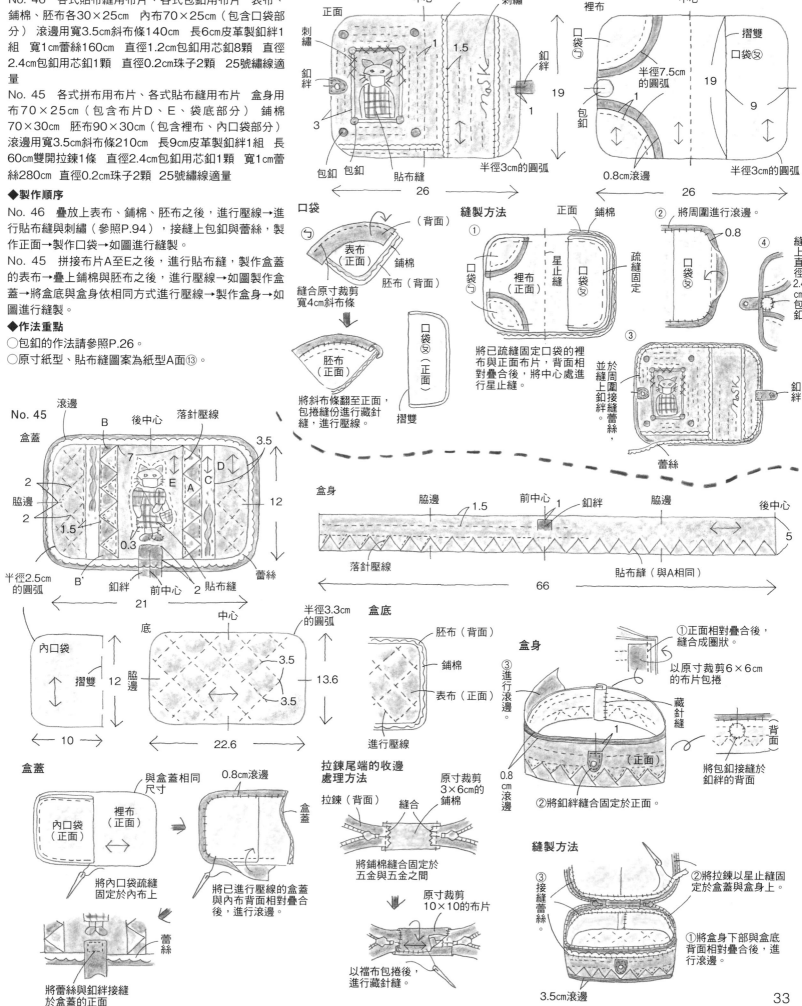

33

将宛如花朵般配色引人注目的「德勒斯登圖盤」圖案進行貼布縫的口罩收納套。
沒有固定釦具的雙摺式收納套，內附3個口袋，因此方便用來收納備用口罩或形狀不同的口罩。

設計・製作／山崎良子
21×12cm

open

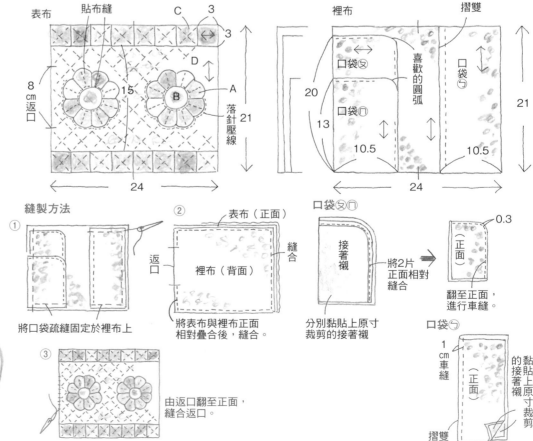

褶線

將透明資料夾裁剪之後，裝入中心作有褶線記號的內襯，會變得更有利於口罩的拿取存放。

口罩收納套

●材料

各式拼接用布片　D用布30×20cm　內布50×50cm（包含口袋部分）鋪棉、胚布各30×30cm　接著襯55×30cm

◆製作順序

拼接布片A與B，進行貼布縫之後，製作2片表布圖案（縫合順序請參照P.80）→拼接布片C與D之後，將表布圖案進行貼布縫→疊放上鋪棉與胚布之後，進行壓線，製作表布→製作口袋，如圖進行縫製。

原寸紙型

貼布縫
B

A

表布　　貼布縫　　　C　　3
　　　　　　　　　　　3
8
cm
返
口
　　　　15　　　B　　　A
　　　　　　　　　　　落針壓線
　　　　21
←　　24　　→

裡布　　　　　　　摺雙
口袋④　　喜歡的圓弧　口袋⑦
20　　　　　　　　　　　21
13　口袋⑥　　　　　10.5　10.5
←　　24　　→

縫製方法

①
將口袋疏縫固定於裡布上

②　　表布（正面）
返
口　裡布（背面）　縫合
將表布與裡布正面相對疊合後，縫合。

口袋④⑦
接著襯　　將2片正面相對縫合
分別黏貼上原寸裁剪的接著襯

0.3
（正面）
翻至正面，進行車縫。

③
由返口翻至正面，縫合返口。

口袋⑥
1
cm
車縫
（正面）
的黏貼上原寸裁剪的接著襯
摺雙

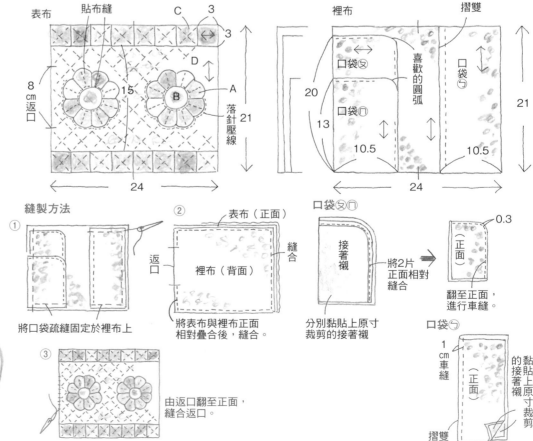

波奇包款式的口罩收納袋。袋口處附有拉鍊,為了能夠收納備用的口罩及攜帶型除菌紙巾或除菌隨身瓶等。前口袋用於收納已開封使用的口罩。由於是無鋪棉縫製而成,因此放在包包裡也不因體積過大而佔空間。

設計・製作／古川一予
(Quilt Studio Be you)
15×20cm

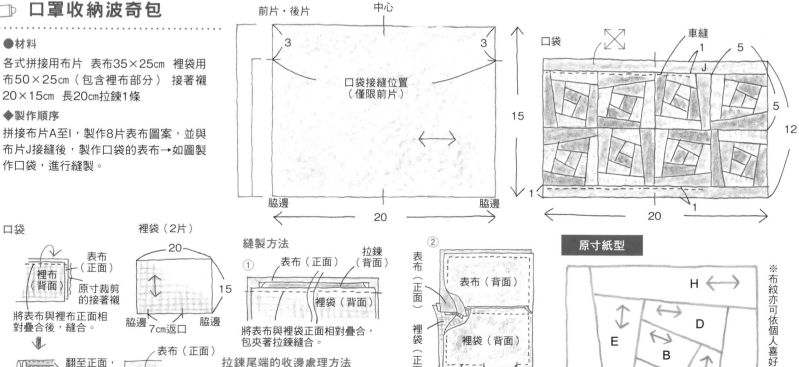

口罩收納波奇包

●材料
各式拼接用布片 表布35×25cm 裡袋用布50×25cm(包含裡布部分) 接著襯20×15cm 長20cm拉鍊1條

◆製作順序
拼接布A至I,製作8片表布圖案,並與布片J接縫後,製作口袋的表布→如圖製作口袋,進行縫製。

前片・後片 / 中心

3 | 3

口袋接縫位置
(僅限前片)

脇邊 / 脇邊
20
15

口袋 / 車縫
1 / 5
J
5
5
12
1
20
1

口袋

表布(正面)
裡布(背面)
原寸裁剪的接著襯

將表布與裡布正面相對疊合後,縫合。

↓

翻至正面,進行車縫。

表布(正面)

將口袋疏縫固定於表布上

裡袋(2片)

20
15
脇邊 / 脇邊
7cm返口

縫製方法

① 表布(正面) / 拉鍊(背面)
裡袋(背面)

將表布與裡袋正面相對疊合,包夾著拉鍊縫合。

拉鍊尾端的收邊處理方法

(背面)
摺疊布端 → 再次摺疊之後,進行藏針縫。

② 表布(正面)
表布(背面)
裡袋(背面)
裡袋(正面)

縫合 / 返口

將所有的表布與裡袋正面相對疊合,並將縫份倒向表布側,預留返口,縫合。
翻至正面,以捲針縫縫合返口,將裡袋裝入本體內。

原寸紙型

H
E / D
B
I / A / C / G
F

※布紋亦可依個人喜好。

35

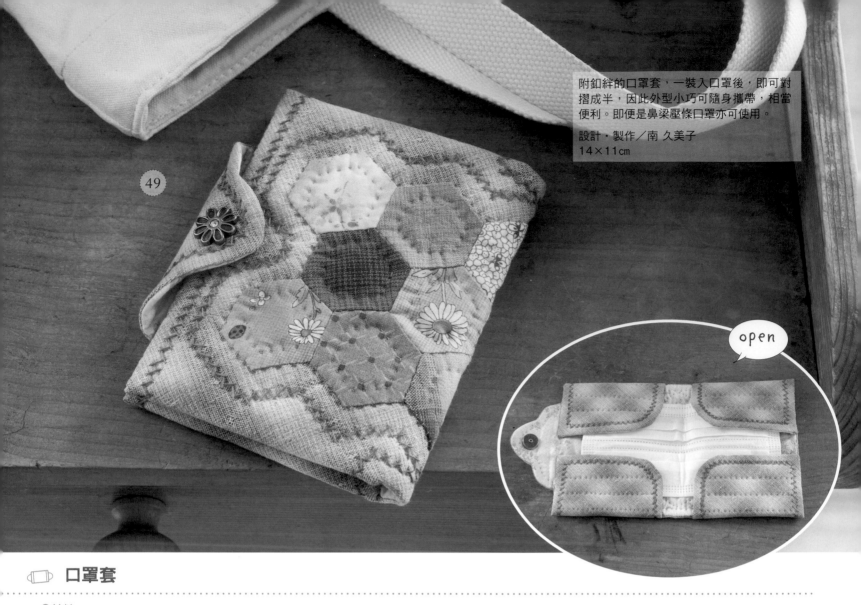

附釦絆的口罩套，一裝入口罩後，即可對摺成半，因此外型小巧可隨身攜帶，相當便利。即便是鼻梁壓條口罩亦可使用。

設計・製作／南 久美子
14×11㎝

49

open

🫧 口罩套

● 材料

各式拼接用布片 台布、單膠鋪棉、胚布（包含襠布部分）各30×30㎝　直徑1.5㎝螺絲式磁釦1組　繡線適量
※原寸紙型A面⑳。

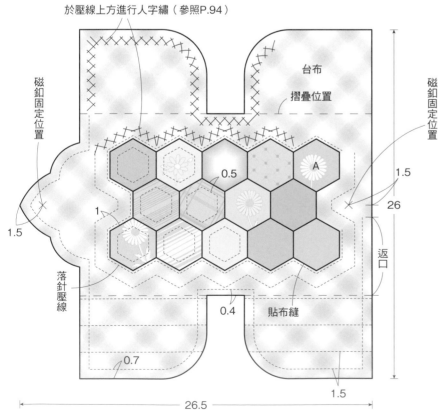

於壓線上方進行人字繡（參照P.94）

磁釦固定位置

台布
摺疊位置

磁釦固定位置

0.5

A

1.5

26

落針壓線

返口

1

1.5

0.4

貼布縫

0.7

1.5

26.5

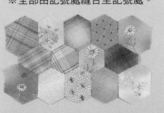

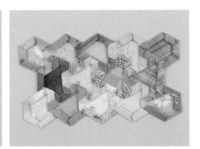

※全部由記號處縫合至記號處。

1 將14片布片A進行拼接。縫份呈風車狀倒向，並將周圍的縫份摺往背面後，以熨斗整燙。

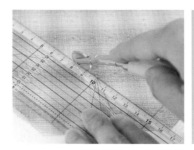

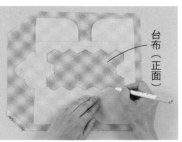

台布（正面）

2 於台布的背面描畫完成線，並使用實線點線器沿著線上，畫出痕跡。

3 以台布為正面，步驟②的痕跡為基準，放上紙型後，將貼布縫位置作記號。

④ 對齊記號處，置放上步驟①，待以珠針固定後，再以立針縫將周圍進行貼布縫。

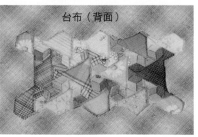

台布（背面）

⑤ 將與貼布縫疊合的台布預留0.7cm縫份，進行挖空。如此一來，鋪棉直接貼合，可縫製出蓬鬆飽滿的作品。

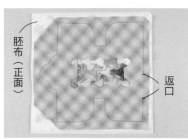

胚布（正面）

返口

⑥ 將台布與胚布正面相對疊合，並將接著面朝下，疊合在鋪棉的上方。以珠針固定後，預留返口，車縫記號處。

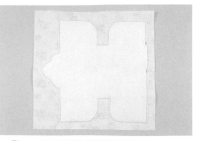

⑦ 於針趾邊緣裁剪鋪棉。

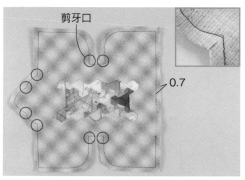

剪牙口

0.7

⑧ 將周圍的縫份裁剪一致為0.7cm。以剪刀於凹入部分（○）的弧線縫份處剪牙口。

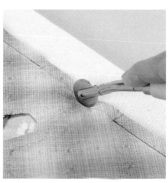

⑨ 以實線點線器描畫台布返口的記號上方，作出褶線。

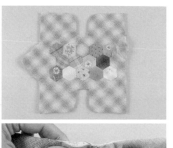

⑩ 由返口翻至正面。邊角處將縫份摺入後，以手指確實按住，再翻至正面。沿著步驟⑨作出的褶線，將返口漂亮地摺入，進行藏針縫。

⑪ 以熨斗整燙，使鋪棉黏貼。

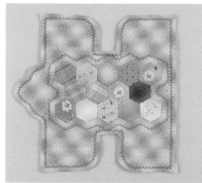

⑫ 貼放上定規尺，描畫壓線線條，呈放射狀進行疏縫後，再進行壓線與刺繡。

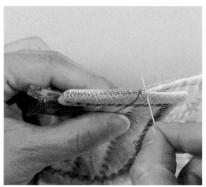

⑬ 將摺疊位置摺往背面，並以強力夾固定。挑縫台布，由布端捲針縫至布端。

☆

藏針縫

⑭ 釦絆側首先將☆部分進行捲針縫，與胚布重疊的部分則進行藏針縫。

⑮ 使用內附花形裝飾的螺絲式磁釦。可以牢牢地固定。

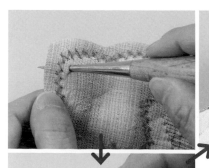

⑯ 將花形部件固定在釦絆側。以錐子於固定位置的記號處扎一個大洞。由正面側插入花形部件，並以螺絲固定背面側。

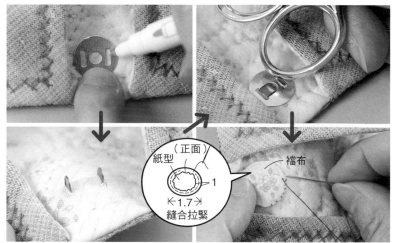

（正面）

紙型

1

←1.7→

縫合拉緊

擋布

⑰ 將座金貼放在另一側固定位置的記號處，畫上記號，以剪刀剪牙口。待由正面側將爪勾插入牙口處之後，再穿過座金，將爪勾摺往內側，置放上擋布，進行藏針縫。

以機縫製作簡單有用的工具

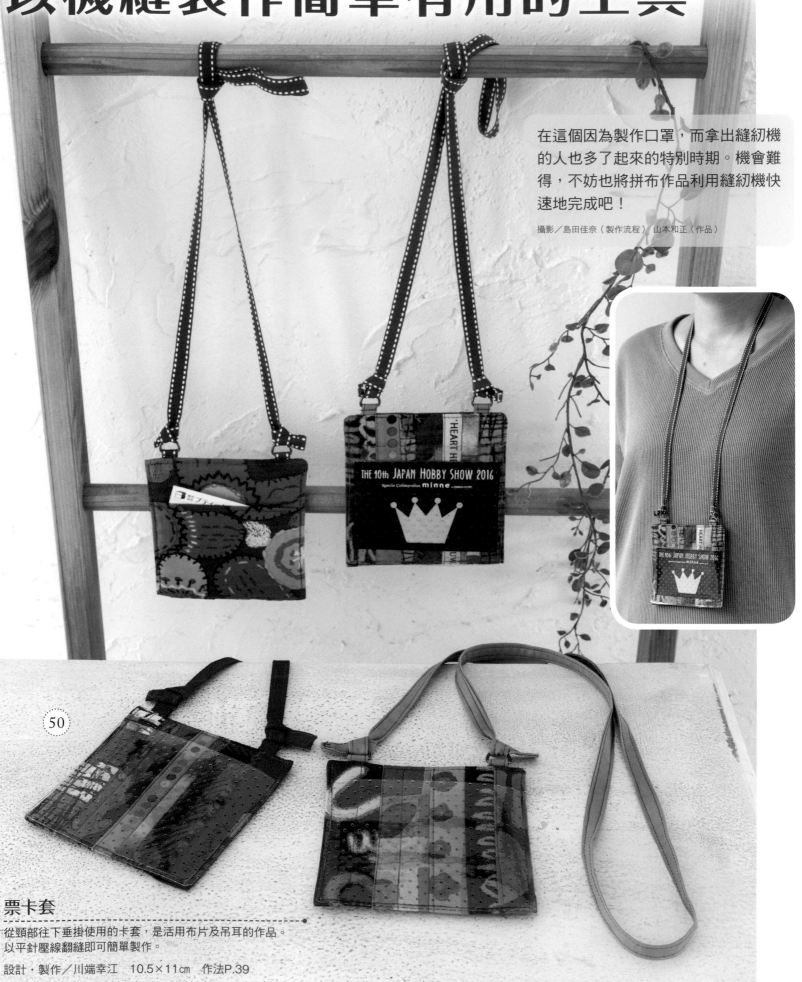

在這個因為製作口罩，而拿出縫紉機的人也多了起來的特別時期。機會難得，不妨也將拼布作品利用縫紉機快速地完成吧！

攝影／島田佳奈（製作流程） 山本和正（作品）

票卡套

從頸部往下垂掛使用的卡套，是活用布片及吊耳的作品。
以平針壓線翻縫即可簡單製作。

設計・製作／川端幸江　10.5×11㎝　作法P.39

插圖／三林よし子

卡片套

●**材料（1件的用量）**
各式平針壓線翻縫用布片　後片用布30×15cm 薄型單膠鋪棉、接著襯各15×15cm　掛繩、吊耳用布110×5cm（或是寬1cm緞帶95cm）　透氣塑膠布15×10cm　內徑尺寸1.1cmD形環2個

●**製作順序**
進行平針壓線翻縫，製作前片→製作掛繩與吊耳→如圖進行縫製。

●**作法重點**
○平針壓線翻縫用的布片請準備原寸裁剪為寬3.5至4cm，並依照喜好進行併接。

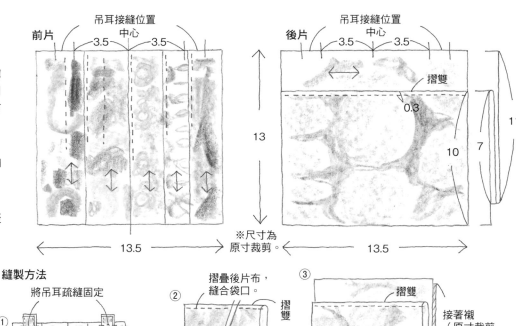

前片　吊耳接縫位置　中心　3.5　3.5
後片　吊耳接縫位置　中心　3.5　3.5
摺雙　0.3
13　13.5
11　10　7
※尺寸為原寸裁剪。
13.5

掛繩

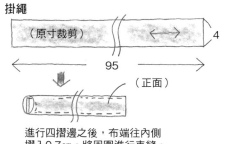

（原寸裁剪）　4
95
（正面）

進行四摺邊之後，布端往內側摺入0.7cm，將周圍進行車縫。

吊耳的作法

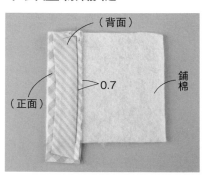

（正面）
5
4
（原寸裁剪）（2片）

進行四摺邊之後，車縫。

穿入D形環中

縫製方法

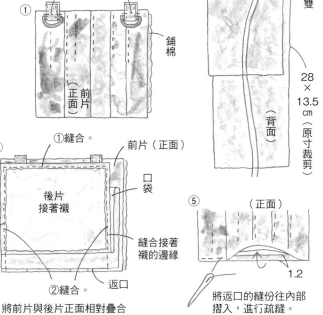

將吊耳疏縫固定
① （正前面）
鋪棉

④
①縫合。
前片（正面）
後片接著襯
口袋
1.2
②縫合。
返口
縫合接著襯的邊緣

將前片與後片正面相對疊合後，縫合三邊，翻至正面。

⑤ （正面）

1.2
將返口的縫份往內部摺入，進行疏縫。

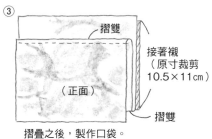

② 摺疊後片布，縫合袋口。
摺雙
28×13.5cm（原寸裁剪）
（背面）

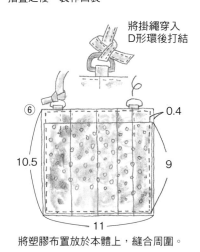

③
摺雙
接著襯（原寸裁剪10.5×11cm）
（正面）
摺雙

摺疊之後，製作口袋。

將掛繩穿入D形環後打結

⑥
0.4
10.5　9
11

將塑膠布置於本體上，縫合周圍。

平針壓線翻縫

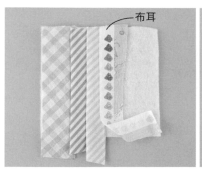

（背面）
0.7
（正面）　鋪棉

1 將原寸裁剪13×13.5cm背膠鋪棉的接著面朝上，並將布片正面相對疊合後，車縫布端。

2 由針趾處翻至正面，依照相同方式將下一片布片正面相對縫合。重複此步驟。

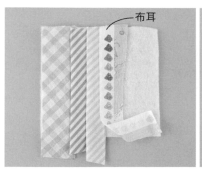

布耳

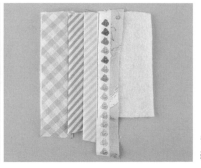

3 背面相對疊合，車縫布端。

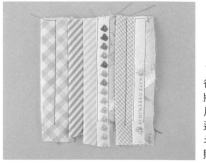

4 待縫合至最後時，將褶山與寬幅的布片中心依個人喜好進行車縫，並以熨斗整燙，進行黏貼。

2 WAY手提袋

將已黏貼雙膠棉襯的條狀布呈網狀黏貼在土台布上，
以毛邊繡將布邊縫合固定。
只要取下肩帶，收納於袋內，亦可當作迷你袋使用。

設計・製作／宮內真利子　20×30㎝　作法P.41

2 WAY手提袋

●材料（1件的用量）

土台布90×25cm（包含提把、袋底、吊耳部分）布條用布、雙膠棉襯各45×12cm 單膠鋪棉、胚布（附接著襯的布）各75×25cm 裡袋60×35cm 直徑2cm按釦1組 內徑尺寸1.5cmD形環1個 附活動勾皮革製肩帶1條

●製作順序

製作貼布縫用的布條→將布條固定於土台布上，製作袋身→製作袋底、裡袋、提把、吊耳→如圖進行縫製。

※縫份為1cm。

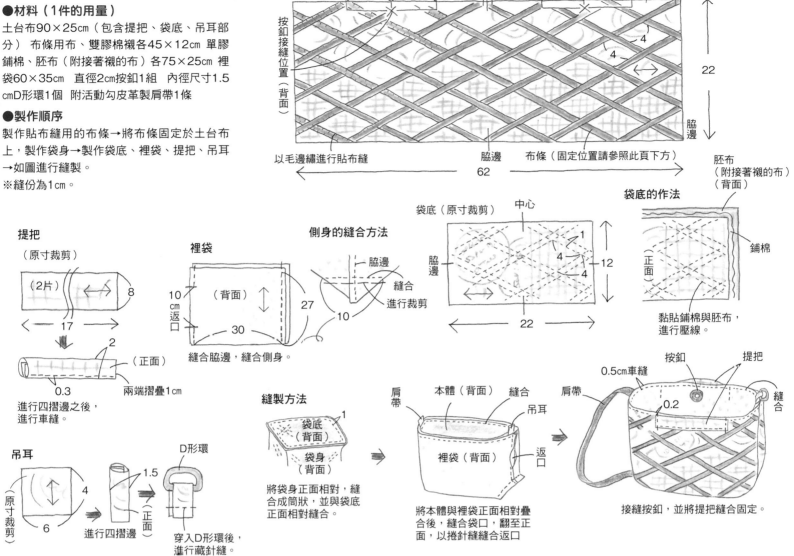

袋身

提把接縫位置　肩帶接縫位置　提把接縫位置　土台布（原寸裁剪）

吊耳接縫位置

7.5 中心 7.5　　　　　7.5 中心 7.5

按釦接縫位置（背面）

4

4

22

脇邊

以毛邊繡進行貼布縫　　脇邊　　布條（固定位置請參照此頁下方）

62

胚布（附接著襯的布）（背面）

袋底（原寸裁剪）　　中心

袋底的作法

脇邊　　脇邊

1

4

4

12

22

黏貼鋪棉與胚布，進行壓線。

鋪棉

正面

提把
（原寸裁剪）

（2片）

8

17

2

0.3

進行四摺邊之後，進行車縫。

兩端摺疊1cm

（正面）

裡袋

（背面）

10cm返口

30

27

10

縫合脇邊，縫合側身。

側身的縫合方法

脇邊

縫合

進行裁剪

縫製方法

袋底（背面）

1

袋身（背面）

將袋身正面相對，縫合成筒狀，並與袋底正面相對縫合。

本體（背面）　縫合

肩帶

裡袋（背面）

吊耳

返口

將本體與裡袋正面相對疊合後，縫袋口，翻至正面，以捲針縫縫合返口

吊耳
（原寸裁剪）

4

6

進行四摺邊

1.5

（正面）

D形環

穿入D形環後，進行藏針縫。

0.5cm車縫

按釦

0.2

肩帶

提把

縫合

接縫按釦，並將提把縫合固定。

布條的固定方法

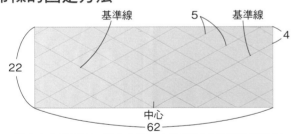

基準線　　5　　基準線

4

22

中心

62

1 於土台布的正面，畫上布條固定位置記號的格子狀線條。首先，描畫基準線，貼放上定規尺，畫出寬5cm的格子。

2 將雙膠棉襯的粗糙面朝下疊合在布條用布的背面，以熨斗燙貼。

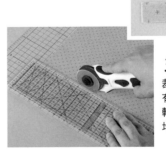

3 裁剪成寬1cm。只要貼放上有刻度的定規尺，並以輪轉刀進行裁剪，即可迅速地完成整齊美觀的布條。

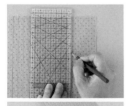

亦可事先以定規尺描畫寬1cm的記號，並以剪刀進行裁剪。

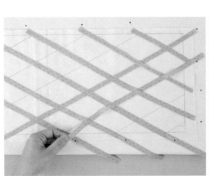

4 將附著在布條上的防黏紙撕下，逐一置放於土台布的記號上方。首先，先置放在任一斜向的線條上，並以珠針固定。接著，如同上下疊合於先前已放好的布條上似的穿過去，再以珠針固定。以熨斗整燙，進行燙貼。

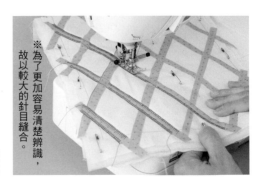

5 依照胚布、鋪棉、土台布的順序疊放後，再以安全別針固定，並於布條邊端進行毛邊繡的裝飾縫。上方有布條疊放的部分，則請移動別針避免縫到別針進行縫製。

※為了更加容易清楚辨識，故以較大的針目縫合。

攝影／島田佳奈（P.45、P.46）山本和正

家族團聚的 聖誕節拼布

今年的聖誕節就和家人及好友們一同在家悠閒地度過吧！
介紹一系列成為屋內主角的拼布、專為美味餐點設計的餐桌小物、討小孩欣喜的聖誕節裝飾品或聖誕襪等。

52

53

令人引頸企盼的聖誕倒數月曆拼布，
專為派對準備的杯套＆杯墊，
以及細高型的聖誕樹。

杯套上接縫了釦絆與魔鬼氈，能纏繞於杯子後固定。
就連附有把手的杯子也能夠固定。

54

55

將24顆白色鈕釦接縫於拼布
上，可掛上日期的布卡。

聖誕樹使用已接縫成帶狀的三角形布片，製作成圓錐的形狀。
樹幹部分則使用大型的木製線捲。

日期布卡是以小羊圖案製作，附有掛繩，並使
用耐水性布繪筆畫上數字。可事先收納於拼布
背面側所附的口袋裡。

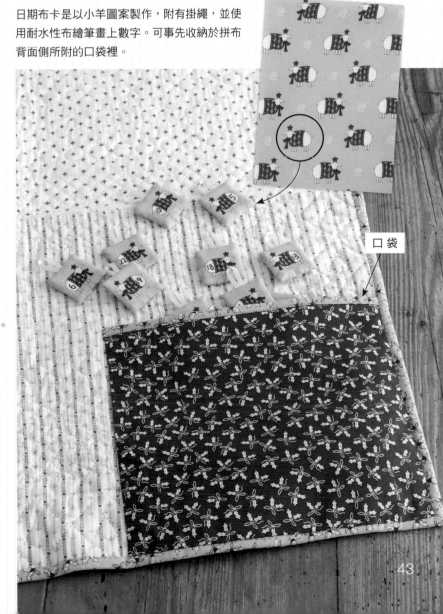

口袋

使用紅色×白色×灰色的聖誕節印花布製成的4件組。利用飾邊花樣縫
製的聖誕倒數月曆拼布，共製作布面上描繪了1至24日期的布卡，並從
12月1日開始至24日為止，每天1張掛於鈕釦上。

設計・製作／橫田弘美　壁飾製作協力／平野美鈴
聖誕倒數月曆拼布 73.5×67.5㎝　杯套 高5.5㎝
杯墊 8.5×8.5㎝　聖誕樹 高36㎝　作法P.100、P.101
布料提供/株式會社moda Japan

43

以白色的聖誕紅
營造大人風格的桌旗與餐墊

於亞麻布的基底，將白色聖誕紅圖案進行貼布縫。為了讓餐具或玻璃杯能容易擺放，故於布邊上進行貼布縫，而稍微露出邊緣的設計則成為了重點所在。為了使用起來倍感清爽，因此不作壓線縫製而成。
設計・製作／信國安城子
桌旗 27×106cm　餐墊 25×33cm　作法P.98

桌旗的邊端處裝飾上
以繡線製作的流蘇。

白色葉片上的葉脈使用銀色的金蔥線，
中心處則使用金色的金蔥線進行刺繡。

（58）

以彩繪玻璃拼布描繪
聖誕節圖案的壁飾

若以黑色縫份膠帶將熟悉的圖案進行飾邊，視覺上會更顯強烈。
以各式各樣的圖案圍繞著中央的花圈，營造出熱鬧歡樂的拼布。

設計・製作／後藤洋子　77×77㎝　作法P.99

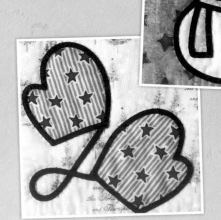

(59)

降雪之森的壁飾

以藍色與綠色為中心，並以個性化的印花布進行配色的聖誕樹圖案更顯醒目的拼布。底色使用金蔥印花布，營造出下雪的概念。由於在周圍的布片上低調地繡上了聖誕冬青花樣，因此就算聖誕節過後，也可用來裝飾。

設計／西山幸子　製作／皮籠石純子　114.5 × 92cm
作法P.93

與孩子一同歡慶聖誕節！

60

61

點綴上立體的禮物盒
成為特色重點。

聖誕老公公之家的迷你壁飾

可於大片窗戶裡看見聖誕老人的圖案，令人欣喜的設計。
1樓為停雪橇的車庫、2樓則裝飾有聖誕樹……。
不妨試著加入孩子喜歡的印花布，親手製作吧！

設計・製作／中村麻早希　27×18cm　作法P.102

以貼布縫製作的
花圈壁飾&聖誕襪

花圈是將葉子及枴杖糖等的圖案如馬賽克般的組合之後，製作成圈狀。聖誕老人和馴鹿眼看就要飛奔而出似的聖誕襪，因為縫製成較大的尺寸，所以實際上真的可以裝入禮物。

壁飾設計・製作／岩崎美由紀　45.5×45.5cm
聖誕襪設計・製作／渡邊真理子　36×27cm
作法P.103

62

63

聖誕襪的另一面是雪人。
亦可用來裝飾在小孩房的房門上，相當可愛討喜。

49

小朋友也能上手的小飾品

在將鐵絲包夾於布片中製作而成的裝飾彩球裡，裝入了鋁箔紙作的小球。聖誕老人盈鞦韆亦以相同方式製作。

於不織布上黏貼布片的聖誕樹。

纏繞不織布製作而成的蠟燭基座則為YOYO球。

聖誕紅是將黏貼了布片的不織布裁剪成花的形狀，並疊放了2片。花瓣上的紋路是塗上白膠後，再摺出摺痕。

不論黏貼或是固定的作業，幾乎全都是使用白膠及雙面膠製作，小朋友也可以輕輕鬆鬆動手製作。一小部分需要使用針線的作業，則可以請大人幫忙。※建議10歲以上的小朋友製作。

設計・製作／北島真紀
No. 64 高約23cm　No. 65 長約9cm・11cm
No. 66 高8cm・6.5cm　No. 67 寬16cm　No. 68 體長約15cm
No. 64 的作法P.51　No. 65至No. 68的作法P.105

組合全部的聖誕紅，也十分有趣。

聖誕老人的手腳使用不織布與毛絨球。鬍鬚為鋪棉。

迷你聖誕襪與遊戲卡片

以棋盤圖案的聖誕節印花布製作的迷你聖誕襪。將剩餘布片的圖案一片一片地裁下，製作的小小卡片，可以拿來玩刺激有趣的撲克牌遊戲（蓋牌取同花色遊戲）。遊戲結束後，可將卡片收納到聖誕襪裡。

設計·製作／額田昌子
聖誕襪 14×11.5cm　卡片 1.8cm正方形　作法P.102

2張都是聖誕老人的花色喔！

69

卡片使用2片相同花樣，與白色素布縫合在一起。將白色面當作背面，加以排列，再翻牌進行遊戲。連小小朋友也都能玩得開心。

P.50聖誕樹
●材料
各式布片　不織布20×20cm　寬3cm丹寧斜布條70cm　底墊用丹寧布20×15cm　直徑1.3cm毛絨球1顆　寬0.3cm緞帶20cm　免洗筷2根　保特瓶瓶蓋1個　鋁箔紙適量
※本體原寸紙型A面⑥。

本體

頂點

不織布

18

露出0.7cm

疊放

疊放以避免不織布露出

①將使用布樣細齒剪刀裁剪好的布片由下往上黏貼。

5　5

將雙面膠帶黏貼於布片的背面

②待黏貼好下方段之後，下一段亦以相同方式黏貼，一直黏貼至頂點。

④以白膠將毛絨球與緞帶黏接固定。

雙面膠帶

③將雙面膠黏貼於一邊，作成三角錐的形狀後，再將之黏合。

樹幹

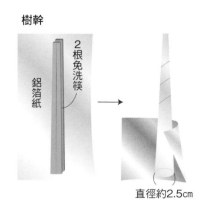

2根免洗筷

鋁箔紙

直徑約2.5cm

①將鋁箔紙纏繞於免洗筷上，隨著逐一往下繞後，會纏繞得愈來愈粗。

瓶蓋

②放在保特瓶瓶蓋上，瓶蓋上也纏繞鋁箔紙。

約9

③將斜布條纏繞於上，並以雙面膠帶黏貼邊端。

樹幹

裡布

0.8

直徑7cm

直徑11cm

將聖誕樹的樹幹黏貼在以白膠黏合2片布片製作的底墊上

51

配色教學

一邊學習基礎的配色技巧，一邊熟悉拼布特有的配色方法。第14回將透過使用素布及近似素布的方式，來學習使色彩更加清晰勻稱的配色方法。這是一個總是對配色無一致性而感到苦惱的讀者必看的單元。

指導／山本輝子

素布及近似素布的活用方法

素布可以搭配任何顏色布種，是非常容易處理的布，然而，若使用太多，很容易變成單調且無趣的配色。因此，此回將介紹有效果的素布使用方法，以及可以用來取代素布的各類布種。之後只需挑選喜歡的花樣布，就能輕鬆解決難以整合的色調。

利用素布使圖案更加鮮明

組合深淺色系

透過方形框部分選擇深淺色系的方式，呈現更具立體感的圖案。若選擇粉紅色搭配淺紫色，會看起來太顯孩子氣，因此右圖改成素雅的紫色素布。圖案的輪廓變得清楚明確，則成為大人的配色。（連鎖廣場Interlock Square）

漸層色彩的布

乍看之下，像是素布的紫色布，但實際上卻是深淺漸層的布。1片布可以產生好幾種素布的變化，是CP值很高的布種。在此，僅使用了深色部分。

白底為主的大花樣布

一旦於圖案的中心使用白色素布，會顯得布片太大，造成間隔太空蕩的感覺。在此情況下，可挑選白布較多的大花樣布，保留較多白色布後，進行裁剪。

作出視覺強調的效果

透過於左右上下將顏色深淺進行相反配色的方式，強調曲線弧邊的圖案。雖然以同色系的深淺進行配色較為保險，但右圖則再加入了視覺效果更搶眼的橘色，賦予鮮明色彩與個性。（蜻蜓道路）

同系色彩的選法

選擇的綠色同色系，透過變換雲紋花樣‧淺色大圖案‧英文字與花樣布的方式，營造更有節奏感的印象。

尋找色感相搭的布

橘 色

深綠色

作為強調色的豔麗橘色，若稍有差錯，很容易導致單色突兀的感覺，但由於在另1片印花布之中有類似的顏色，因此不至於過於凸出。

可作為素布使用的布

表現植物自然的微妙色調

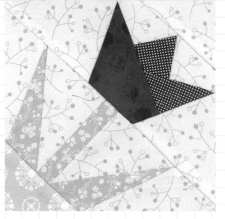

在表現花朵樹木等方面，自然的微妙色調將成為關鍵。此處，在花莖與葉子上使用了比素布更具柔和印象的混染布。（鬱金香）

在橘色花朵上使用的布是白底碎花的印花布。若使用素布製作，又過於單調，因此以白底碎花的印花布使圖案柔和。

適合作為植物圖案的布

混染布也經常使用在夏威夷拼布上，是一種易於表現植物獨特陰影的布。

像是以筆描繪般暈染表現的布，也是方便填滿大面積的布種。

雖是彩度強烈的橘色，但透過添加暈染圖案，達到抑制素布的強度。

一點一點改變深淺的技巧

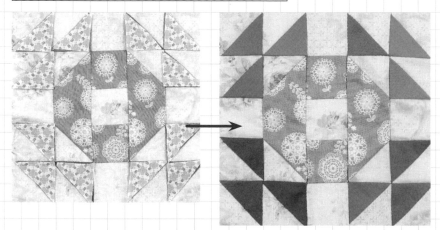

試著在葉子上挑選了與粉紅色色感相搭的溫和黃綠色印花布時，圖案卻完全變得模糊不清。此處，使用綠色的漸層素布，將葉子的三角形布片一片一片地清楚呈現。（單環婚戒）。

分開使用漸層布

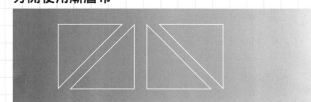

分別從漸層布的深色部分與淺色部分中各自挑選，享受葉子微妙色調的樂趣。

以大花樣印花布發揮圖案的效果

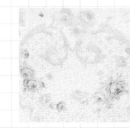

作為背景的玫瑰大花樣印花布選用淺色布，用以襯托出粉紅色的花朵與綠色的葉子。

交替運用色彩的明暗度

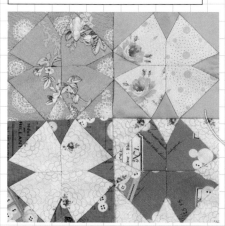

透過交錯反轉明暗色調的方式，使圖案更顯清晰分明。為了避免單調，因此添加粉紅色及黃綠色的強調色。（五月花）

靈活運用布料的質感

右上圖的素布為具光澤感的擦光處理布料。即便是相同的素布，但透過變換質感的方式，即可產生變化。

大花樣布的使用方法

僅僅使用素布，太過無趣，因此使用了大花樣布的素色部分。隱約可見的花樣非常具有效果。

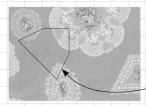

若全都是大圖案，容易顯得雜亂無章，但保留較多的大花樣布素色部分後進行裁剪，就能避免所有的圖案混在一起。

以單色印花布取代素布

利用溫和的色調

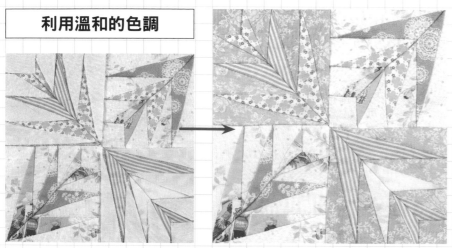

單色印花布

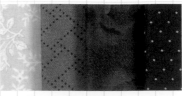

所謂的1色＋白色（或是黑色）的單色印花布，算是相當近似素布的布。在底色與圖案上無差異的布款，方便以素布的感覺使用。

花樣醒目的單色印花布

底色與花樣上有差異的印花布，即便是單色的印花布，花樣也會顯得醒目，在素布上則看不到。

因為想進行雅緻的配色，所以將底色作成淺粉紅色的素布，不拉大明暗度的差異，以呈現暈染的印象。因此，如右圖所示，將底色改成稍帶深色調的粉紅色，凸顯銳利的三角形布片。（棕櫚葉Hosanna）

享受變換背景的樂趣

同色系的淺色大花樣布

也很適合作為胚布使用的淺駝色與灰色的淺色大花樣布。由於花樣為淺淺的色調，因此亦可當作素布使用。

左側圖案上所使用的茶色大花樣印花布，紅色的大花樣與花樣的大小太過接近，因而無法作出強弱的層次感。右側大膽地使用了近似素布的淺色水玉點點印花布，成功地營造與紅色印花布之間的差異。（引路之星）

利用花樣的大小作出差異

不只是花紋的樣子，花樣大小不同的組合，會使所有的布片看起來不混亂，清楚顯見。

底色上選擇的小花紋是與表布圖案相同的鮮豔紅色。透過花紋不同的呈現方式，彼此互相襯托輝映，營造出既時尚又活潑的印象。

多色的混染布

水藍色‧黃綠色‧綠色混合成大理石花紋般的混染布。背景呈現出深邃感，具有使幾何學圖案更顯清晰的效果。

將氛圍徹底改變，背景上使用綠色系的混染布。相對於表布圖案的暖色系，透過帶有冷色調的呈現方式，衍生出清爽鮮明的感覺。

運用獨特的創意

有效利用飾邊花樣

靈活運用縱向條紋

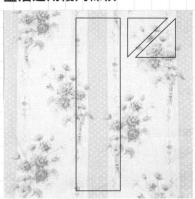

分別將飾邊花樣的直條紋部分配置成中心的長方形布片，並將此外的部分配置成底色的三角形布片。由於是從同一片布進行裁剪，因此色感極搭。（雁行Flying Geese）

使用2色底色

底色的三角形使用其他布將左右兩側進行配色。透過將外側作成中間色的灰色系方式，營造沈穩恬靜的氛圍。

利用強調色創造樂趣

表布圖案的三角形則以盡量接近素布的深色印花布作強調。各處配置上明亮的水藍色及黃綠色，以強調色展現個性。

以單一色調進行整合

將單一色調的布片加以排列後，形成典雅的風格。如同左圖所示，即便將底色配置上灰色的素布也能保持平衡感，或是大膽地配置上黑色的素布，更能凸顯布片的趣味性。

布片運用的技巧

若將全部的布片配置成其他布，將變得難以保持平衡。因此，透過從大花樣布的四處進行裁剪布片的方式，較容易進行整合。

大範圍留白的布片的情況

添加刺繡

縱向於長形布條上進行羽毛繡。繡線使用與中央大花樣印花布之中的苔蘚綠同色。

素面部分較多的大花樣布

可少量收入大花樣後，進行裁剪，或是完全僅使用素面部分，有這2種使用方法可行。

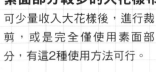

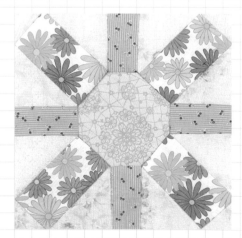

透過將朝四面八方擴展的長方形布條配置在近似素布的布上，營造出洗鍊精緻的視覺印象。於素面的布條上進行刺繡，別出心裁的巧思。（仲夏夜之夢）

中心的大型布片配置上單色的大花樣布，帶出空間感。上下左右的4片長方形，則配置上小碎花布，將圖案全體統整收束。

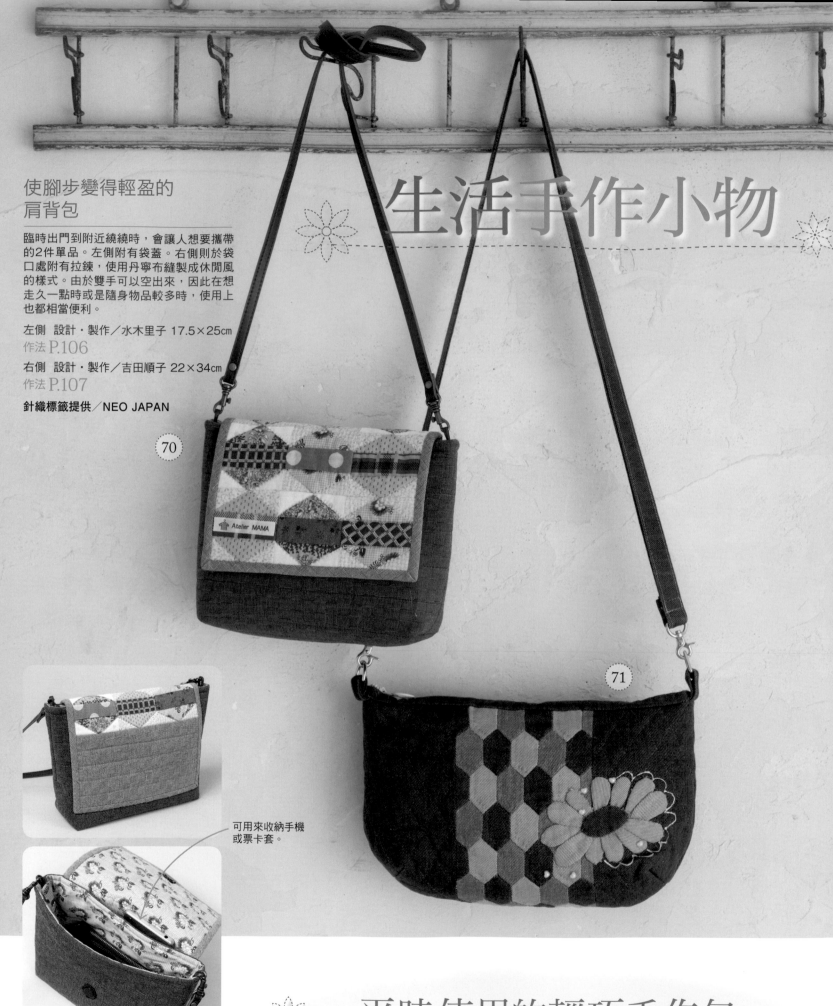

使腳步變得輕盈的
肩背包

臨時出門到附近繞繞時，會讓人想要攜帶的2件單品。左側附有袋蓋。右側則於袋口處附有拉鍊，使用丹寧布縫製成休閒風的樣式。由於雙手可以空出來，因此在想走久一點時或是隨身物品較多時，使用上也都相當便利。

左側　設計・製作／水木里子 17.5×25cm
作法 P.106
右側　設計・製作／吉田順子 22×34cm
作法 P.107

針織標籤提供／NEO JAPAN

70

71

可用來收納手機
或票卡套。

為使左側肩背包的袋蓋與口袋成為一體化，
故以藏針縫固定於後片側。

平時使用的輕巧手作包

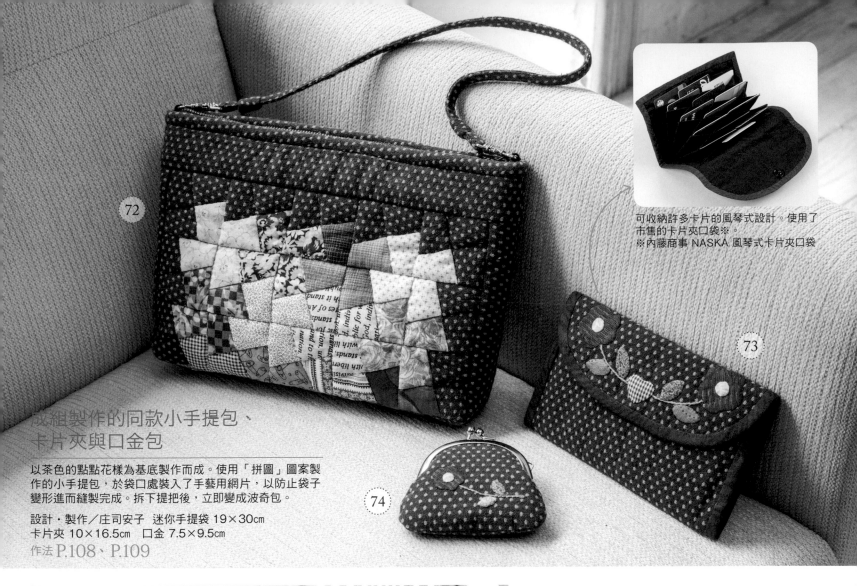

可收納許多卡片的風琴式設計。使用了
市售的卡片夾口袋※。
※內藤商事 NASKA 風琴式卡片夾口袋

成組製作的同款小手提包、
卡片夾與口金包

以茶色的點點花樣為基底製作而成。使用「拼圖」圖案製
作的小手提包，於袋口處裝入了手藝用網片，以防止袋子
變形進而縫製完成。拆下提把後，立即變成波奇包。

設計・製作／庄司安子　迷你手提袋 19×30cm
卡片夾 10×16.5cm　口金 7.5×9.5cm
作法 P.108、P.109

附口袋的手提包與
扁平波奇包

將2片「奇異阿比鳥」圖案排列而
成的鋸齒狀圖案，是一款充滿趣
味性的設計。扁平波奇包可以完
整收納於手提包裡。

設計・製作／村上美智子
手提包 24.5×25cm
波奇包 12.5×20cm
作法 P.110

拼接教室

攝影／島田佳奈（步驟）　山本正和（作品、步驟）

茶葉

圖案難易度

以各種形狀的布片，具體地表現尖峭葉形的圖案。進行配色時，如同P.58、P.59作品，以相同布料裁剪對稱形部分的布片，突顯葉形，完成更加協調漂亮的色彩。拼縫圖案或接縫其他區塊時，留意布片尖角，避免造成缺損。

指導／岩崎美由紀

紅葉飛舞的壁飾

以紅色、茶色、黃色布片進行配色，變換配置方向，完成紅葉飛舞般的圖案設計。裝飾居家，在屋裡布置充滿濃濃秋意的小角落，盡情地欣賞吧！

設計／岩崎美由紀　　製作／松村厚子
57.5×57.5cm　　作法P.109

77

享受午茶時光的最佳良伴
茶壺保溫罩&茶壺墊

以搭配性絕佳的綠色與紫色布片進行配色，完成生動活潑的葉子圖案吸引目光。縫合側面與側身即完成的半球狀茶壺保溫罩，輕輕罩上，桌面就顯得格外清爽，裡布疊合鋪棉，保溫效果絕佳。搭配相同花色的茶壺墊構成茶具組，盡情地享用美好的午茶時光。

設計・製作／岩崎美由紀
茶壺保溫罩 23×21cm
茶壺墊 18.5×21.5cm

作法P.61

茶壺保溫罩周圍與茶壺墊圓周差不多大小，幾乎可完全覆蓋住茶壺墊。

區塊的縫法

分別以AA'B布片、ACD布片與該對稱形布片、E至G布片進行拼接，完成4個正方形小區塊後，彙整成一圖案。G布片事先進行貼布縫完成莖部。作法不難，但需要拼縫對稱形布片，請一邊並排一邊接縫，避免弄錯位置。

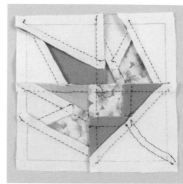

＊縫份倒向

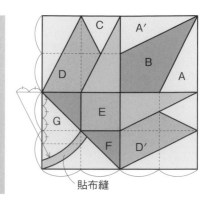

貼布縫

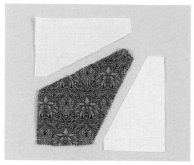

1 準備AA'布片各1片、B布片1片。用布背面疊合紙型，以2B鉛筆等作記號，預留縫份0.7cm後，進行裁布。

2 正面相對疊合A與B布片，對齊記號後，以珠針固定兩端、中心、兩者間。由布端開始，進行一針回針縫後，進行平針縫，縫至布端，進行一針回針縫。

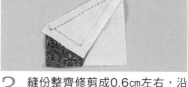

3 縫份整齊修剪成0.6cm左右，沿著縫合針目摺疊後，倒向B布片側，以手指按壓。A'布片也以相同作法進行拼接。

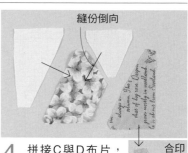

縫份倒向

4 拼接C與D布片，完成小區塊後，兩脇邊接縫A布片。A布片的斜邊中心作合印記號，以便對齊小區塊的接縫處。

合印記號

5 CD小區塊右側正面相對疊合A布片，對齊接縫處與合印記號，以珠針固定後，由布端縫至布端。縫份倒向A布片側，左側的A布片亦拼接。對稱形區塊也以相同作法進行拼接。

6 E布片接縫2片F布片後，縫份倒向E布片側。接縫完成莖部貼布縫的G布片。

＊貼布縫方法

使用莖部紙型，G布片正面與貼布縫布片正面分別描畫記號。貼布縫布片預留縫份約0.3cm。

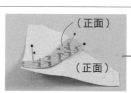

（正面）
（正面）

G布片疊合貼布縫布片，對齊記號的角上部位後，垂直插入珠針。

垂直插入珠針固定後，以另一支珠針挑布固定。由凹側開始進行藏針縫，因此固定下側。

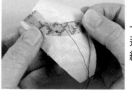

一邊以針尖摺疊縫份，一邊進行藏針縫。縫合斜布條，縫份不剪牙口也沒關係。

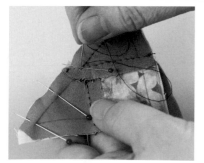

7 正面相對疊合步驟6的區塊，以珠針固定兩端、中心、兩者間，進行拼縫。縫份較厚部分時，一針一針地上下穿縫。

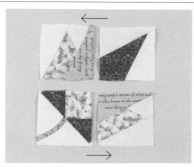

8 四個區塊並排成上下兩列，依序拼縫，完成2個帶狀區塊。並排時避免弄錯接縫位置。

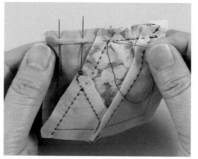

9 拼縫下列的2個區塊時，對齊接縫處，以珠針固定，在接縫處進行一針回針縫。

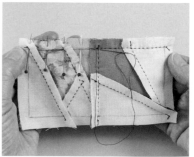

10 正面相對疊合上、下帶狀區塊，以珠針固定兩端、接縫處、兩者間，進行縫合。在接縫處進行回針縫。縫份倒向上側。

P.59 茶壺保溫罩＆茶壺墊

茶壺保溫罩＆茶壺墊裁布圖（單位：cm）
※除了註記為原寸裁剪外，其餘皆需外加縫份。

●材料

茶壺保溫罩　各式拼接用布片　H、I用布50×20cm　側身用布30×25cm　裡布70×30cm　鋪棉、胚布各85×60cm　提紐用布25×5cm　滾邊用寬3cm斜布條70cm　25號淺紫色繡線適量

茶壺墊　各式拼接用布片　F、F'用布2種各20×10cm　鋪棉、胚布各25×25cm　滾邊用寬3.5cm斜布條70cm　25號淺紫色繡線適量

●茶壺墊的作法順序

拼接A至F'布片，完成表布→疊合鋪棉與胚布，進行壓線→進行刺繡（挑縫至鋪棉）→進行周圍滾邊。

※茶壺保溫罩的I布片、側身、茶壺墊的原寸紙型A面⑫。

茶壺墊

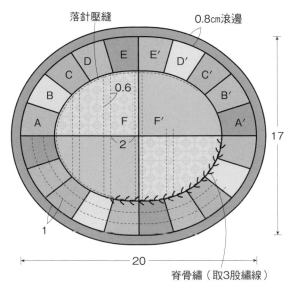

茶壺保溫罩

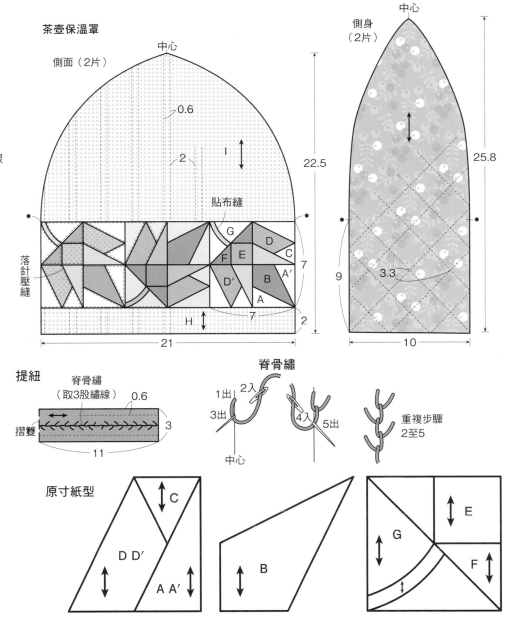

1 | 製作側面表布。

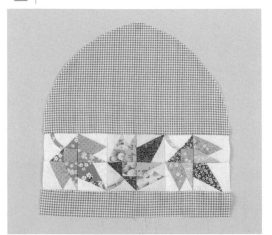

完成3片圖案後進行拼接，上下接縫I與H布片，完成2片側面表布。使用定規尺，在I與H布片上描畫壓縫線。

2 | 進行疏縫。

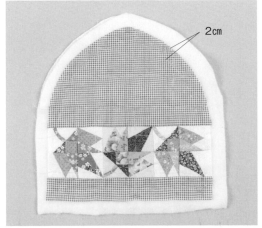

依序疊合胚布、鋪棉、表布，挑縫3層，進行疏縫。先由中心縫成十字形，再縫成方格狀。周圍內側2cm處也進行疏縫。

3 | 進行壓線。

沿著布片邊緣，在圖案上進行落針壓縫。慣用手中指套上頂針器，一邊推壓縫針，一邊分別挑縫2、3針，更容易縫出整齊漂亮的針目。

4 | 側身也以相同作法進行壓線。

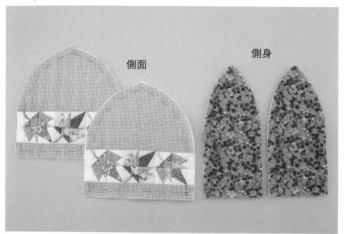

2片側身表布描畫格子狀壓縫線後，如同側面作法，進行壓線。拆掉周圍以外的疏縫線（周圍的疏縫線最後才拆掉）。

5 | 背面側作記號描畫完成線。

描畫在合印位置的點狀記號

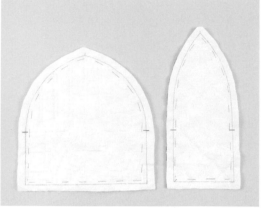

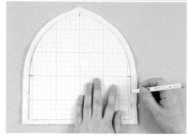

參照P.71，背面側分別作點狀記號（頂點、合印記號、角上、兩者間分別作記號）。以點狀記號為大致基準，疊合紙型，以手藝用筆等作記號。合印記號也別忘記。

6 | 縫合1片側面與1片側身。

疏縫

正面相對疊合側面與側身，對齊記號，以珠針依序固定頂點、角上、合印記號、兩者間。微微地偏向記號外側，以疏縫線進行粗針縫。

進行車縫。車縫至頂點記號。採用手縫方式時，以珠針固定後，不疏縫，以回針縫進行縫合。

以相同方法縫合另一組。

7 | 縫合兩組。

＊頂點的珠針固定方法

沿著車縫針目邊緣修剪側身與側面的鋪棉，以降低縫份的厚度。翻起胚布，沿著針目邊緣，以剪刀仔細地修剪。

正面相對疊合兩組，對齊記號，珠針由其中一側的角上，固定至頂點後，稍微靠向記號外側，以疏縫線進行粗針縫。縫至頂點記號為止，將縫線打結後剪線，另一側同樣以珠針固定後進行縫合。

對齊記號，珠針垂直插入後（同時確認表側），一邊以手指壓住插入珠針部位，一邊以另一支珠針挑布固定。拔出先前插入的珠針。

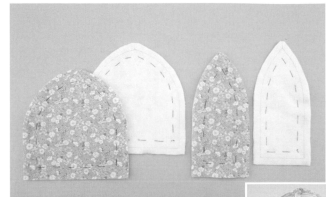

縫至記號

由記號開始

完成線

2

進行車縫。由角上開始車縫至頂點記號為止，進行回針縫後剪線。翻開縫份，再次由記號開始縫至角上。沿著車縫針目邊緣修剪鋪棉，下部表側作記號描畫完成線。

與本體相同尺寸的裡布，疊合鋪棉後，沿著周圍進行疏縫，以手藝用筆在鋪棉上描畫完成線。如同本體作法進行縫合後，沿著縫合針目邊緣修剪鋪棉。

9 以內綴縫法縫合本體與裡布。

10 將裡布套入本體內側。

11 進行下部滾邊。

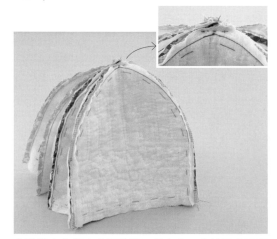

燙開縫份

由角上開始進行滾邊

本體與表布翻向背面狀態下疊合後，車縫固定至頂點附近的縫份。依圖示進行內綴縫，即可避免裡布浮起，完成的作品更加服貼俐落。

本體翻至正面後，套入裡布，對齊角上部位，以珠針固定。沿著下部記號外側，以疏縫線進行粗針縫。

準備寬3.5cm斜布條，以滾邊器摺成四褶後，正面相對疊合於本體下部，對齊下部記號與斜布條的摺疊處，以珠針固定。由側身部位開始進行滾邊。

進行滾邊一圈後，在角上的銜接處，併攏滾邊起點與終點，燙開滾邊條，裁掉多餘的部分。正面相對疊合滾邊條端部後，進行縫合，燙開縫份，以珠針固定。

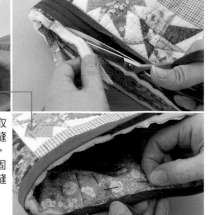

沿著摺疊處進行車縫（車縫靠近時取下珠針）。沿著斜布條整齊地修剪縫份，斜布條翻至正面後，翻開縫份，以縫合針目為大致基準，以珠針固定，進行立針藏針縫。製作提紐後縫合固定（請參照P.71）。

攝影／島田佳奈（步驟） 山本正和（作品、步驟）

飛行船螺旋槳 （別名：德克薩斯鬱金香）

圖案難易度
🍀🍀🍀🍀🍀🍀

意喻為「飛行船螺旋槳」的圖案。A與B布片、中心的圓形貼布縫圖案，呈浮起狀態似地進行配色，就會呈現出螺旋槳形狀。D布片描畫連結A與B布片接縫處的曲線狀壓縫線，完成的螺旋槳圖案看起來像是在旋轉！

指導／村上美智子

組合多個口袋
使用方便性絕佳的手提包

以藍色為基調，外形簡單俐落的手提包。袋底側身寬達10cm，收納能力超強。連同車縫口袋蓋的部分，包包內設置三個口袋，可收納手機、票卡、鑰匙等物品。

設計・製作／村上美智子
23×27cm 作法P.67

詳細解說
製作步驟

80

色彩繽紛的床罩

以別名「德州鬱金香」意象完成花朵般漂亮配色。大量拼接布片時，圖案之間加入帶狀區塊，圖案形狀看起來更加明確耀眼。圖案配色數較多，因此加入白色素布的帶狀區塊，完成感覺更加清新舒爽的配色。

設計・製作／村上美智子
208×179cm　作法P.86

81

區塊的縫法

接縫A至C布片的曲線部位後，拼縫D布片，完成4個小區塊。縫合小區塊，中心進行貼布縫，縫上E布片，縫合曲線邊重點是，確實對齊中心的合印記號，以珠針固定。曲線部位的縫份自然地倒向凸側，其他縫份則一起倒向深色布片側。

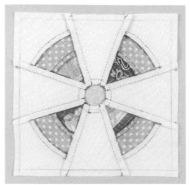

＊縫份倒向

E布片請依喜好挑選花色協調的布料，裁成適當大小後使用。

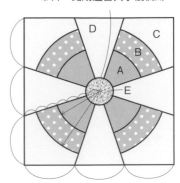

1 準備A與B布片。用布背面疊合紙型，以2B鉛筆等作記號後，預留縫份，進行裁布。曲線邊中心作合印記號。

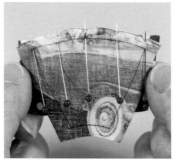

2 A布片在上，正面相對疊合B布片後，對齊記號與合印記號，以珠針固定。

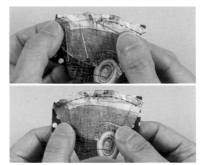

3 由布端開始，進行一針回針縫後，進行平針縫，縫合終點縫至布端後，同樣進行回針縫，完成AB小區塊。

4 縫份一起自然地倒向A布片側。接著準備C布片，AB小區塊在上，以相同作法進行縫合。縫份一起倒向B布片側。

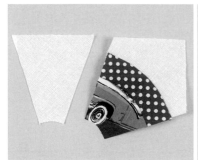

5 準備D布片，接縫於步驟4小區塊的左側。縫份一起倒向小區塊側。

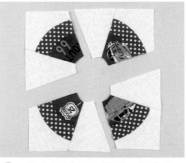

6 完成4個步驟5區塊。並排時，避免弄錯接縫位置，分別接縫2個區塊，完成上、下區塊。

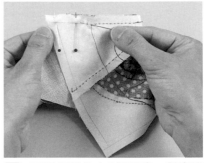

7 正面相對疊合2個區塊，對齊記號，以珠針固定，由布端縫至布端。

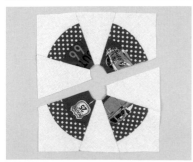

8 另外2個區塊也以相同作法完成接縫。縫份一起倒向A至C布片側。縫合2個大區塊。

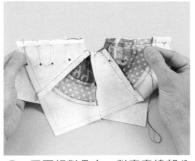

9 正面相對疊合，對齊直線部分的記號，以珠針固定後，分別縫合邊端，由布端縫至布端。

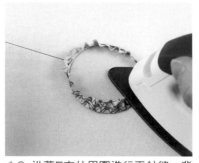

10 沿著E布片周圍進行平針縫，背面疊合紙型後，拉緊縫線，以熨斗整燙出形狀。

11 取出紙型，疊合於圖案中心，以珠針固定後，沿著周圍進行立針藏針縫。

P.64 手提包

●材料

各式拼接、貼布縫用布片　F用布30×30cm　側身用布75×50cm（包含滾邊部分）　裡袋用布110×50cm（包含口袋、口袋蓋、YOYO球部分）　鋪棉、胚布各80×40cm　直徑1.3cm按鈕1組　長48cm皮革提把1組

※皆預留縫份0.7cm後進行裁布。

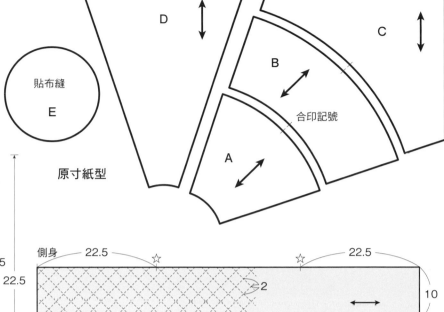

原寸紙型

貼布縫
E

合印記號

A　B　C　D

袋身（2片）

提把接縫位置
中心
6.5　6.5
13.5
4.5

落針壓縫

貼布縫

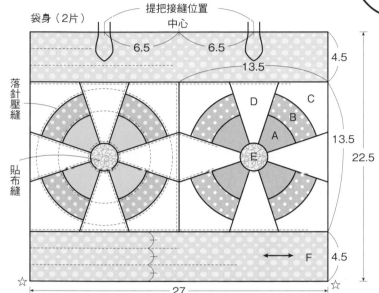

D　C
B
A
E　F

13.5
22.5
4.5
22.5
27

側身
22.5　22.5
2
72
10

※裡袋為一整片相同尺寸布料裁成。

裡袋

口袋蓋（2片）
3
半徑1.5cm的圓弧狀
13

口袋㋑
1
位置 按鈕固定
（2片）
13.5
13

口袋㋺
（2片）
27
13

口袋㋩（對稱形2片）
8　6
13.5

口袋蓋
口袋㋑
22.5
2
27

分隔線
口袋㋺
口袋㋩
27

---

1 完成2片袋身表布。

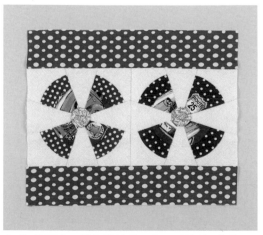

完成2片圖案，進行拼縫後，上、下接縫F布片。F布片預留縫份0.7cm。皆由布端縫至布端，F布片的縫份一起倒向F布片側。

2 描畫壓縫線。

擺好定規尺，在F布片上描畫直線狀壓縫線，D布片上描畫曲線狀線條。

3 進行疏縫。

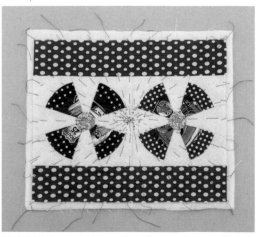

依序疊合胚布、鋪棉、表布後，挑縫3層，進行疏縫。先由中心朝著外側，以十字形→對角→放射狀順序，依序完成疏縫。

4 | 進行壓線。

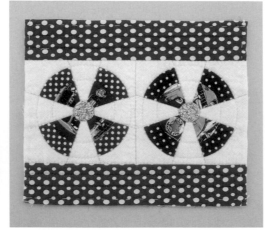

先沿著完成圖案的布片邊緣進行落針壓縫。慣用手中指套上頂針器，一邊推壓縫針一邊進行壓縫，分別挑縫2、3針，更容易縫出整齊漂亮的針目。

表布周圍預留縫份0.7cm，因此沿著表布整齊修剪胚布與鋪棉。

5 | 製作側身。

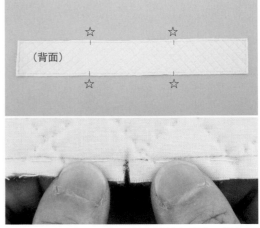

表布預留縫份0.7cm後，疊合鋪棉與胚布，進行壓線。如同袋身作法，整齊修剪周圍的縫份後，背面描畫完成線。對齊袋身角上位置（☆）的縫份剪牙口。

6 | 縫合袋身與側身。

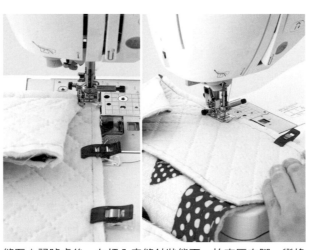
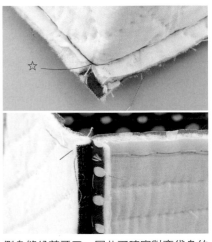

正面相對疊合袋身與側身，對齊布端，對齊☆記號處後，以暫時固定用夾固定。由邊端開始，沿著完成線進行車縫。

縫至☆記號處後，在插入車縫針狀態下，抬高壓布腳，變換方向（左），車縫另一邊。對齊布端，以夾子固定，車縫至下一個☆記號處後，以相同方法變換方向，車縫至最後（右）。

側身縫份剪牙口，因此可確實對齊袋身的角上部位（上）。另一片袋身也以相同作法進行縫合後，燙開袋口縫份，以熨斗進行壓燙（下）。

7 | 製作口袋。

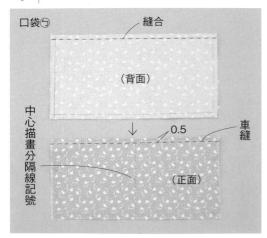
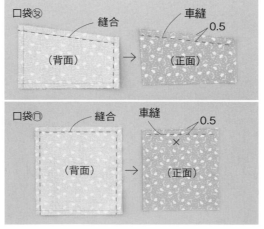
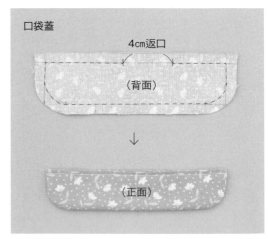

口袋㋥至㋑皆預留縫份0.7cm，正面相對疊合2片，分別進行縫合後，翻向正面，以熨斗壓燙，使縫份更服貼，再進行車縫。口袋㋑作記號標註按釦固定位置。

口袋蓋預留縫份0.7cm，正面相對疊合2片，預留返口後，縫合周圍。翻向正面，以熨斗壓燙，摺疊返口縫份，進行藏針縫。

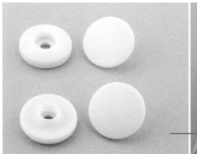

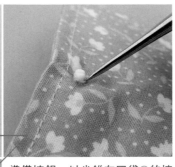

準備按釦。以尖錐在口袋⑰的按釦固定位置鑽孔。由口袋背面插入凸釦後，由上方壓入凹釦至發出咔聲。凸釦不容易穿過孔洞時，以尖錐擴大孔洞。

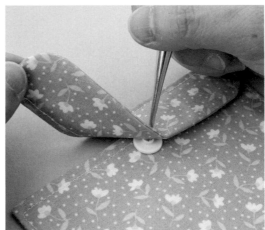
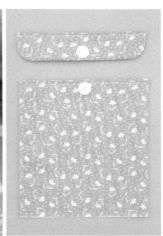

口袋蓋安裝按釦。將口袋蓋疊合於口袋⑰，尖錐於適當位置鑽孔後，以相同作法安裝按釦。

8 | 裡袋依序組合口袋。

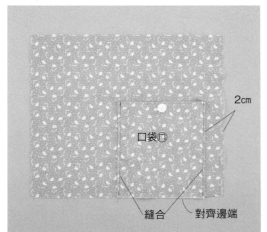

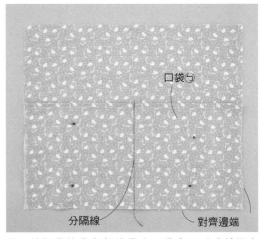

在裡袋的袋身部位作記號，標註口袋⑰的組合位置後，疊合口袋，以珠針固定，車縫口袋的兩側身。

固定口袋與口袋蓋的按釦，車縫口袋蓋上部。

另一片裡袋的袋身部位疊合口袋㋡，以珠針固定後，車縫中心的分隔線。

9 | 裡袋放入本體後暫時固定。

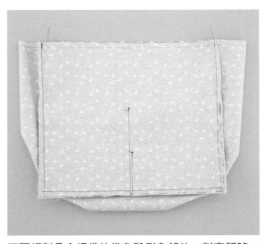
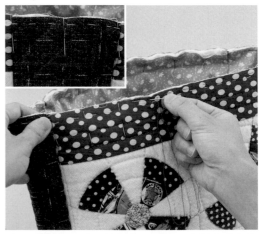

口袋㋡的左下方疊合口袋㋨，以珠針固定後，車縫分隔線側。沿著口袋⑰下部、口袋㋡周圍進行疏縫。

正面相對疊合裡袋的袋身與側身部位，對齊記號，以珠針固定，進行縫合。如同本體作法，對齊袋身角上部位的側身縫份，事先剪牙口。

將裡袋放入本體，對齊袋口邊端。先對齊側身部分，以珠針固定，再固定袋身部分。裡袋縫份一起倒向袋身側。沿著袋口邊端進行疏縫。

10 | 進行袋口滾邊。

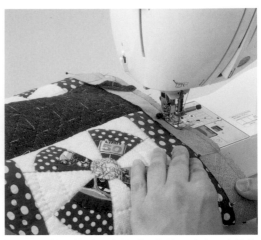

原寸裁剪寬3.5cm的斜布條後，背面描畫0.7cm記號。摺疊斜布條端部，對齊本體袋口與斜布條的邊端，以珠針固定。滾邊起點疊合於側身。

以珠針固定一圈後，正面相對疊合斜布條的起點與終點以珠針固定，進行縫合。修剪多餘的部分，燙開縫份，以珠針固定斜布條與本體。

拆掉縫紉機的機臂，車縫斜布條的記號處。車縫靠近時取下珠針。

11 | 接縫提把。

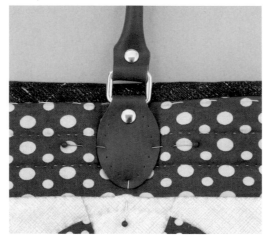

將斜布條翻向正面，包覆縫份，以珠針固定後，進行藏針縫。

將提把端部疊合於提把接縫位置，以珠針挑縫表布1針後，穿入提把接縫部位的縫孔。這麼作就能夠確實地固定提把。以皮革專用縫線或取2股壓縫線，開始接縫提把。

縫針由右邊的第2個縫孔穿出（1出）後，穿入第3個縫孔（2入）。接著由第1個縫孔穿出（3出）。

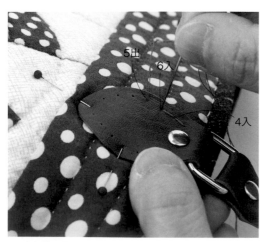

縫針由第2個縫孔穿入（4入），由第4個縫孔穿出（5出）後，返回一針，由第3個縫孔穿入（6入）。

縫針由前兩個縫孔穿出，返回一針穿入前一個縫孔，重複此步驟，縫合至最後一個縫孔後，穿向背面側，將縫線打結。

以原寸裁剪成直徑8cm的布片，製作YOYO球（請參照P.90），當作裡布側的提把接縫處飾片。疊合YOYO球飾片，以珠針固定後，進行藏針縫，確實地遮住提把的接縫針目。

拼布小建議

本期登場的老師們，
將為拼布愛好者介紹不可不知的實用製作訣竅，
可應用於各種作品，大大提昇完成度。

協力／岩崎美由紀
（記號出現在背面側的方法、提把的作法）

以小木屋專用鋪棉進行快速壓縫的方法

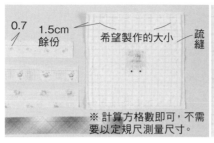

0.7
1.5cm
餘份
希望製作的大小
疏縫

※計算方格數即可，不需要以定規尺測量尺寸。

使用印上邊長約1cm方格線的小木屋專用鋪棉，就不必畫線，更加簡單地完成快速壓縫。

1 鋪棉疊合胚布後，沿著周圍進行疏縫。處理完成尺寸為寬1cm的布片時，請在原寸裁剪成寬2.5cm的帶狀布片上，描畫寬0.7cm的縫合線。布片中心先以珠針固定一片原寸裁剪成邊長2.5cm的正方形小布片。

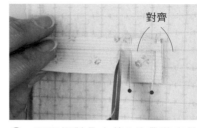

對齊

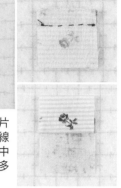

2 正面相對疊合第2片帶狀布片後，將帶狀布片的記號與格子線對齊，以珠針重新固定。沿著中心的小布片，裁掉帶狀布片的多餘部分，縫合後翻向正面。

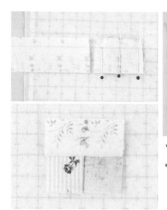

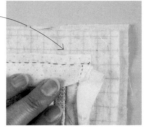

不縫

3 正面相對疊合第三片帶狀布片，如同步驟2作法，以珠針固定，進行縫合後，翻向正面。重複以上步驟，縫至最後為止。

接縫區塊時，最外側的角上部位不縫於鋪棉，只接縫帶狀布片。

以膠帶接合鋪棉

膠帶的黏貼面

經過接著樹脂處理的極薄單膠鋪棉接合膠帶。黏貼後不硬化，不會影響穿縫作業。可省下處理鋪棉工時的便利素材。

拼接區塊（請參照P.22），完成表布後，背面黏貼接著面朝下的膠帶，覆蓋鋪棉。鋪棉上方也疊放膠帶，以熨斗燙黏。表布側也燙黏吧！

讓記號出現在背面側的方法

各部位完成壓線後，正面相對進行縫合時，胚布側通常都需要作記號描畫完成線。製作P.59茶壺保溫罩時，胚布側就需要作點狀記號，作為疊放紙型的大致基準。

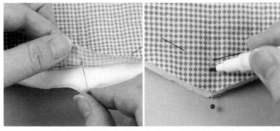

胚布

1 翻開表布，珠針由背面側插入頂點的記號，以手藝用筆，在出針位置作記號。

2 珠針由正面側垂直插入步驟1的記號處，在出針位置作記號。

P.59茶壺保溫罩的圈狀提紐作法

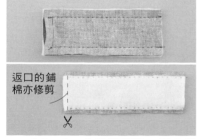

返口的鋪棉亦修剪

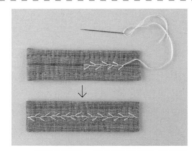

↓

1 22×3cm布片對摺後，疊合鋪棉，縫合長邊。沿著縫合針目邊緣修剪鋪棉，將縫份修剪成0.5cm。

2 翻向正面，調整形狀後，摺入返口縫份，以梯形藏針縫進行縫合。

3 進行壓線，以手藝用筆（記號會隨著時間而消失），沿著中心畫線後，進行刺繡。由中心開始，朝著左右，挑縫至鋪棉，進行刺繡。

4 以藏針縫接縫成圈，疊合於本體上部中心，以梯形藏針縫縫合固定。另一側也確實地縫合固定。

布能布玩

攝影場地協助／隆德布能布玩台北迪化店
作品設計、製作、示範教學、作法文字提供／蘇怡綾店長
採訪執行・企畫編輯／黃璟安
情境・作法攝影／小貓
★原寸紙型B面⑰

綻美秋波工作服

季節更迭，
象徵著浪漫的秋日，
讓心緒也隨之蕩漾。
為常伴的工作服，
換上新的面貌吧！

另一款粉色系，
展現柔美自在的秋日情懷。

back

│ 師資介紹 │

Introduction

蘇怡綾 老師

現任：
布能布玩台北迪化店店長

材料

●表布1碼　　●配色布1尺
●裡布1碼　　●鐵釦1包

★裁布尺寸皆含縫份，紙型請加上縫份1cm。

使用壓布腳

●10號邊緣壓布腳

示範機型

BERNINA480

HOW TO MAKE

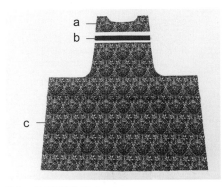

01 依紙型裁表布a.b.c。

02 a與b進行車縫。

03 再與c車縫。

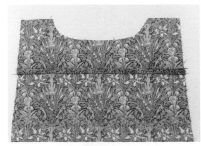

04 縫份倒向中間。

05 以10號壓布腳車縫裝飾線（壓布腳中間附有擋片，可幫助對齊）。

06 依紙型畫口袋表布。

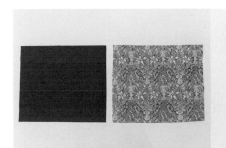

07 取一片相同尺寸的裡布，將表布、裡布正面相對車縫一圈（上方不車縫）。

08 修剪縫份後，翻至正面。

09 依紙型上的記號摺出褶子並固定。

10 裁滾邊布4×22cm2條。

11 於口袋上方車縫滾邊。

12 將口袋固定於表布上並車縫。

13 裁77cm×4.5cm，兩側需摺燙1cm，共4條。

14 取2條背面相對車縫，共完成2條肩帶。

15 將完成的肩帶如圖固定於表布上。

16 依紙型裁裡布一片。

17 將表布與裡布正面相對車縫，並於下方留返口。

18 翻至正面。

19 依個人需求長度釘上鐵釦即完成。

74

できた！それ、いいね！ありがとう！

Olympus
— Since 1908 —

傳統 ╳ 新風格 ╳ 材料包

台灣總代理　隆德貿易有限公司

布能布玩台北迪化店	台北市大同區延平北路二段53號	(02) 2555-0887
布能布玩台中河北店	台中市北屯區河北西街77號	(04) 2245-0079
布能布玩高雄中山店	高雄市苓雅區中山二路392號	(07) 536-1234

布能布玩
Sew la vie
拼布生活工坊
Quilt & Knit

小編直擊！
「看見台灣」拼布映像畫
徐昕辰師生聯展花絮報導

採訪攝影／小貓　採訪編輯／黃璟安
★特別感謝　採訪協助／徐昕辰老師、劉秀華老師

作品名稱：金門打鐵人　作者：徐昕辰

2020「看見台灣」拼布映像畫徐昕辰師生聯展於10月中旬登場，在新莊文化藝術中心展出60幅拼布大作，讓人嘆為觀止。徐老師以多媒材搭配電腦製圖技術，開創獨樹一格的拼布畫教學，打開拼布創作的全新視野，以「台灣」風景為題，展現在地文化之美，吸引各地學生慕名上課，其中亦不乏資深拼布人，也為之瘋狂。本次展覽有12件作品入選2020美國休士頓國際拼布展，可說是實至名歸的台灣之光！採訪當日，參展作者——資深拼布職人劉秀華老師特地自花蓮北上熱情地為我們導覽，跟著阿華老師的講解，彷彿在拼布藝術的世界環島了一圈，是極為珍貴的文化體驗，讓小編不禁佩服這群充滿創作活力的手作人，讓我們看見以台灣女力親手打造專屬自我的堅韌及信念，在她們眼中的台灣，真的很美！

作品名稱：我們都是快樂的拼布人
作者：徐昕辰

在三峽齊聚一堂一起學習藍染
的拼布人們，開心地合影，找
到志同道合的夥伴，享受熱愛
的手作，是最幸福的時刻。

作品名稱：西嶼風情畫－內垵夕陽
作者：劉秀華

以菊島為題，具有紀念意義的珍貴作品。
天人菊與夕陽的相互輝映，令人也沉浸在
與海共處的美好時光。

77

designer

作品名稱：我的故鄉（香山豎琴橋）
作者：陳淑惠

以故鄉為創作主旨，帶入當地的特色橋樑，也溫柔訴説著手作人的成長故事。

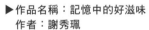

▲作品名稱：陽光柿情
　作者：蔡桂蘭

▶作品名稱：記憶中的好滋味
　作者：謝秀珮

以曬著柿餅的手作人家為題，襯著藍天白雲，在辛勤工作的一抹燦笑，格外可愛。

將傳統手工製作，在壽宴中代表祝福意義的食物——長壽麵，以極細的布條表現，令人大開眼界！

（左圖）作品名稱：祈福天燈
　　　　作者：楊月華

（右圖）作品名稱：澎湖曬魚乾
　　　　作者：許淑麗　創作圖片攝影師：蔡憲聲

2020
××××××××××××××××
台灣拼布藝術節
12/12 起步走！平安到花蓮！

募集主題作品「平安」，
由台灣拼布人共同創作。

（圖片提供／劉秀華老師）

活動主旨

拼布手作人每年一期一會的自發性的盛
事，2020年全球受到病毒的影響，陽光、
健康、平安是我們努力的目標。

活動時間

2020年12月12日
AM 10：30－PM17：00

集合地點

花蓮市北濱公園

活動內容

活動預定於AM11：00開始，集結有志
一同的拼布人，帶著自己的作品（尺寸
100×100CM壁飾，參加者請自行攜帶至
會場）
當日將沿著濱海自行車道，散步賞海景，
徒步至主場地（花蓮縣文化局你來廣場）。

主辦單位：花蓮縣文化局、劉秀華老師　　　協辦單位：阿華拼布教室　　　f 「台灣拼布藝術節」

自行配置，進行製圖吧！

不妨自己試著將書中出現的圖案進行製圖吧！由於是為了易於製圖而圖案化，因此雖是與原本構圖有些微差異的圖，但只要配合喜歡的大小製圖，即可應用於各式各樣的作品當中。另外，也將一併介紹基本的接縫順序。請連同P.86以後作品的作法，一起當作作品製作的參考依據。

※箭頭為縫份倒向。

季節（P.6）

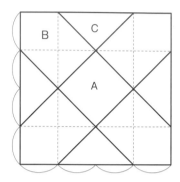 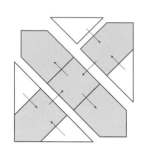

聖誕樹（P.24）

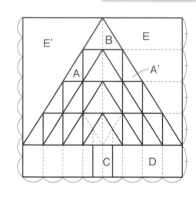 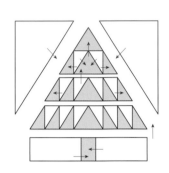

維吉尼亞之星（P.24）

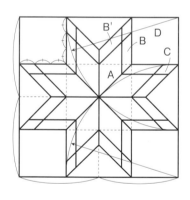 

踏石（P.24）

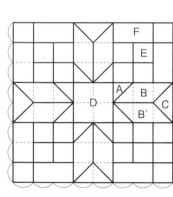

縫至記號，
進行鑲嵌拼縫。

※與作品的分割方式不同。

樹木（P.24、P.47）

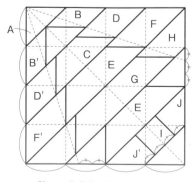

※與P.47作品的分割方式不同。

德勒斯登圓盤（P.34）

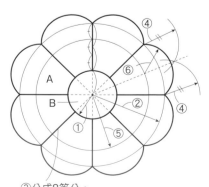 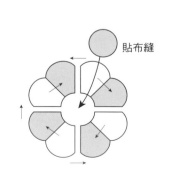

貼布縫

③分成8等分。

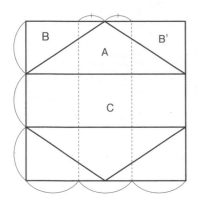
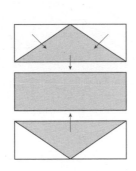
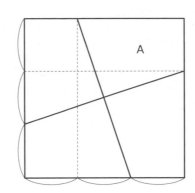
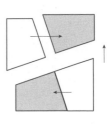

複習製圖的基礎

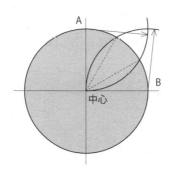

將1/4圓分割成3等分……分別由AB兩點為中心，畫出通過圓心的圓弧，得出兩弧線相交的交點。

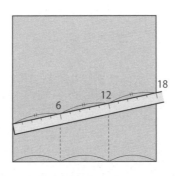

分割成3等分……選取方便分成3等分的寬度，斜放上定規尺，並於被分成3等分的點上，畫出垂直線。

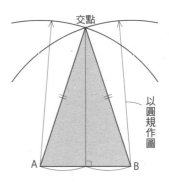

等邊三角形……決定底邊線段AB，並由端點A為圓心，取任意長度的線段為半徑，畫弧。這次改以端點B為圓心，並以相同長度的線段畫弧，得出交點。

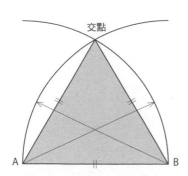

正三角形……先決定線段AB的邊長，再分別以端點AB為圓心，以此線段為半徑畫弧，得出交點。

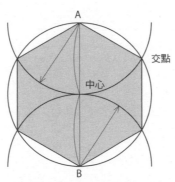

正六角形……畫圓，並畫上一條通過圓心的線段AB。分別由AB兩點為中心，畫出通過圓心的圓弧，得出各交點。

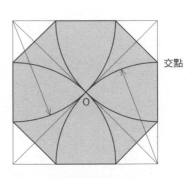

正八角形……取正方形對角線的交點為O。再分別由四個邊角畫出穿過交點O的圓弧，得出各交點。

一定要學會の 拼布基本功

基本工具

針

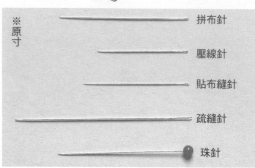

※原寸

- 拼布針
- 壓線針
- 貼布縫針
- 疏縫針
- 珠針

配合用途有各式各樣的針。拼布針為8至9號洋針，壓線針細且短，貼布縫針像絹針一樣細又長，疏縫針則比較粗且長。

線

壓縫用線
疏縫線
拼布線

拼布適用60號的縫線，壓線建議使用上過蠟、有彈性的線。但若想保有柔軟度，也可使用與拼布一樣的線。疏縫線如圖示，分成整捲或整捆兩種包裝。

記號筆

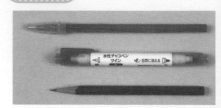

一般是使用2B鉛筆。深色布以亮色系的工藝用鉛筆或色鉛筆作記號，會比較容易看見。氣消筆或水消筆在描畫壓線線條時很好用。

頂針器

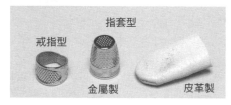

指套型
戒指型
金屬製
皮革製

平針縫與壓線時的必備工具。一旦熟練使用，縫出的針趾就會漂亮工整。戒指型主要用於平針縫，金屬或皮革製的指套則用於壓線。

壓線框

繡框的放大版。壓線時將布框入撐開。直徑30至40cm是好用的尺寸。

拼布用語

◆圖案（Pattern）◆
拼縫三角形或四角形的布片，展現幾何學圖形設計。依圖形而有不同名稱。

◆布片（Piece）◆
組合圖案用的三角形或四角形等的布片。以平針縫縫合布片稱為「拼縫」（Piecing）。

◆區塊（Block）◆
由數片布片縫合而成。有時也指完成的圖案。

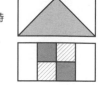

◆表布（Top）◆
尚未壓線的表層布。

◆鋪棉◆
夾在表布與底布之間的平面棉襯。適用密度緊實的薄鋪棉。

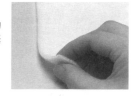

◆底布◆
鋪棉的底布。夾在表布與底布之間。適用織目疏鬆、針容易穿過的材質。薄布會讓壓線的陰影無法漂亮呈現於表層，並不適合。

◆貼布縫◆
另外縫合上其他的布。主要是使用立針縫（參照P.83）。

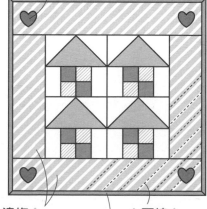

◆大邊條◆
接縫在由數個圖案縫合的表布邊緣的布。

◆包邊◆
以斜紋布條包覆完成壓線的拼布周圍或包包的袋口縫份。

◆壓線線條◆
在壓線位置所作的記號。

◆壓線◆
重疊表布、鋪棉與底布，壓縫3層。

主要步驟

製作布片的紙型。

使用紙型在布上作記號後裁布，準備布片。

拼縫布片，製作表布。

在表布描畫壓線線條。

重疊表布、鋪棉、底布進行疏縫。

進行壓線。

包覆四周縫份，進行包邊。

拼縫前準備工作

下水

新買的布在縫製前要水洗。即使是統一使用相同材質的布拼縫，由於縮水狀況不一，有時作品完成下水仍舊出現皺縮問題。此外，以水洗掉新布的漿，會更好穿縫，且能預防褪色。大片布就由洗衣機代勞，洗後在未完全乾燥時，一邊整理布紋，一邊以熨斗整燙。

關於布紋

原寸紙型上的箭頭所指方向代表布紋。布紋是指直橫交織而成的紋路。直橫正確交織，布就不會歪斜。而拼布不同於一般裁縫，布紋要對齊直布紋或橫布紋任一方都OK。斜紋是指斜向的布紋。與直布紋或橫布紋呈45度的稱為正斜向。

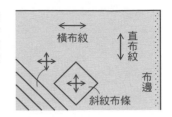

橫布紋 / 直布紋 / 布邊 / 斜紋布條

製作紙型

將製好圖的紙，或是自書本複印下來的圖案，以膠水黏貼在厚紙板上。膠水最好挑選不會讓紙起皺的紙用膠水。接著以剪刀沿著線條剪開，註明所需數量、布紋，並視需要加上合印記號。

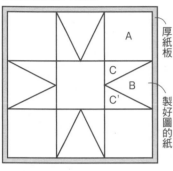

厚紙板 / 製好圖的紙

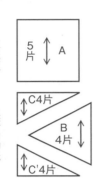

5片 A
C4片
B 4片
C'4片

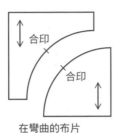

合印 / 合印

在彎曲的布片加上合印記號

作上記號後裁剪布片

紙型置於布的背面，以鉛筆作上記號。在貼上砂紙的裁布墊上作記號，布比較不會滑動。縫份約為0.7cm，不必作記號，目測即可。

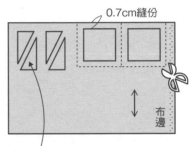

0.7cm縫份 / 布邊

形狀不對稱的布片，在紙型背後作上記號。

拼縫布片

◆始縫結◆

縫前打的結。手握針，縫線繞針2、3圈，拇指按住線，將針向上拉出。

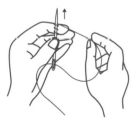

1 2片布正面相對，以珠針固定，自珠針前0.5cm處起針。

2 進行回針縫，手指確實壓好布片避免歪斜。

3 以手指稍微整理縫線，避免布片縮得太緊。

4 在止縫處回針，並打結。留下約0.6cm縫份後，裁剪多餘布片。

◆止縫結◆

縫畢，將針放在線最後穿出的位置，繞針2、3圈，拇指按住線，將針向上拉出。

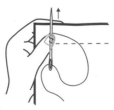

◆分割縫法◆

② ①

直線方向由布端縫到布端時，分割成帶狀拼縫。

◆鑲嵌縫法◆

①縫至記號。

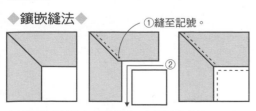

②

無法使用直線的分割縫法時，在記號處止縫，再嵌入布片縫合。

各式平針縫

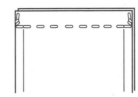

由布端到布端
兩端都是分割縫法時。

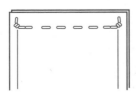

由記號縫至記號
兩端都是鑲嵌縫法時。

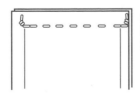

由布端縫至記號
縫至記號側變成鑲嵌縫法時。

縫份倒向

縫份不熨開而倒向單側。朝著要倒下的那一側，在針趾向內1針的位置摺疊縫份，以指尖往下按壓。

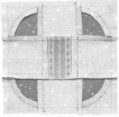
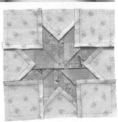

基本上，縫份是倒向想要強調的那一側，彎曲形則順其自然的倒下。其他還有全部朝同一方向倒下，或是倒向外側等，各式各樣的倒向方法。碰到像檸檬星（右）這種布片聚集在中心的狀況，就將菱形布片兩兩縫合成縫份倒向同一個方向的區塊，整合成上下的帶狀後，再彼此縫合。

描畫壓線線條，進行疏縫

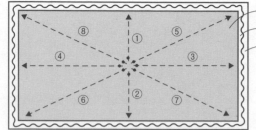
表布（正面）
鋪棉
底布（背面）

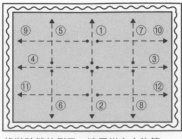

以熨斗整燙表布，使縫份固定。接著在表面描畫壓線記號。若是以鉛筆作記號，記得不要畫太黑。在畫格子或條紋線時，使用上面有平行線及方眼格線的尺會很方便。

準備稍大於表布的底布與鋪棉，依底布、鋪棉、表布的順序重疊，以手撫平，再以珠針重點固定。由中心向外側進行疏縫。上圖是放射狀疏縫的例子。

格狀疏縫的例子。適用拼布小物等。

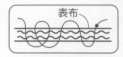
表布

止縫作一針回針縫，不打止縫結，直接剪掉線。

壓線

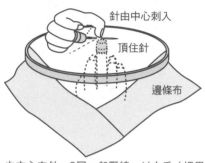
針由中心刺入
頂住針
邊條布

由中心向外，3層一起壓線。以右手（慣用手）的頂針指套壓住針頭，一邊推針一邊穿縫。左手（承接手）的頂針指套由下方頂住針。使用拼布框作業時，當周圍接縫邊條布，就要刺到布端。

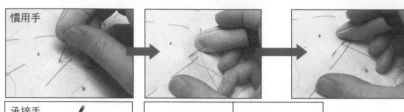
慣用手

承接手

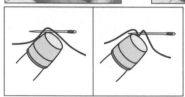

針由上刺入，以指套頂住。→以指套將布往往上提，在指套邊作出一個山形，再以慣用手的指套推針，貫穿山腰。→以指套往左錯開，製造下個一山形，再依同樣方式穿縫。

每穿縫2、3針，就以指套壓住針後穿出。

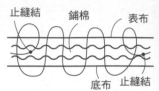
止縫結　鋪棉　表布
底布　止縫結

從稍偏離起針的位置入針，將始縫結拉至鋪棉內，縫一針回針縫，止縫也要縫一針回針縫，將止縫結拉至鋪棉內藏起來。

包邊

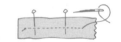

畫框式滾邊
所謂畫框式滾邊，就是以斜紋布條包覆拼布四周時，將邊角處理成及畫框邊角一樣的形狀。

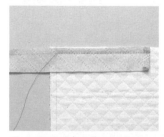

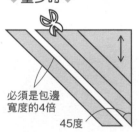

1 在正面描畫四周的完成線。斜紋布條正面相對疊放在拼布上，對齊斜紋布條的縫線記號與完成線，以珠針固定，縫到邊角的記號，在記號縫一針回針縫。

2 針線暫放一旁，斜紋布條摺疊成45度（當拼布的角是直角時）。重要的是，確實沿記號邊摺疊成與下一邊平行。

3 斜紋布條沿著下一邊摺疊，以珠針固定記號。邊角如圖示形成一個褶子。在記號上出針，再次從邊角的記號開始縫。

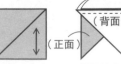

4 布條在始縫時先摺1cm。縫完一圈後，布條與摺疊的部分重疊約1cm後剪斷。

5 縫份修剪成與包邊的寬度，布條反摺，以立針縫縫合於底布。以布條的針趾為準，抓齊滾邊的寬度。

6 邊角整理成布條摺入重疊45度。重疊處縫一針回針縫變得更牢固。漂亮的邊角就完成了！

斜紋布條作法

◆量少時◆

必須是包邊寬度的4倍
45度

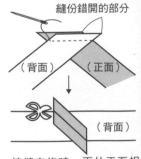
縫份錯開的部分
（背面）　（正面）
↓
（背面）

布摺疊成45度，畫出所需寬度。1cm寬的包邊需要4cm、0.8cm寬要3.5cm、0.7cm寬要3cm。包邊寬度愈細，加上布的厚度要預留寬一點。

接縫布條時，兩片正面相對，以細針目的平針縫縫合。熨開縫份，剪掉露出外側的部分。

◆量多時◆

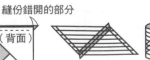
縫份錯開的部分
（背面）
（正面）

布裁成正方形，沿對角線剪開。

裁開的布正面相對重疊並以車縫縫合。

熨開縫份，沿布端畫上需要的寬度。另一邊的布端與畫線記號錯開一層，正面相對縫合。以剪刀沿著記號剪開，就變成一長條的斜紋布。

拼布包縫份處理

A 以底布包覆

側面正面相對縫合，僅一邊的底布留長一點，修齊縫份。接著以預留的底布包覆縫份，以立針縫縫合。

B 進行包邊（外包邊的作法相同）

適合彎弧部分的處理方式。兩片正面相對疊合（外包邊是背面相對），疏縫固定，斜紋布條正面相對，進行平針縫。

修齊縫份，以斜紋布條包覆進行立針縫，即使是較厚的縫份也能整齊收邊。斜紋布條若是與底布同一塊布，就不會太醒目。

C 接合整理

處理後縫份不會出現厚度，可使作品平坦而不會有突起的情形。以脅邊接縫側面時，自脅邊留下2、3cm的壓線，僅表布正面相對縫合，縫份倒向單側。鋪棉接合以粗針目的捲針縫縫合，底布以藏針縫縫合。最後完成壓線。

貼布縫作法

方法A（摺疊縫份以藏針縫縫合）

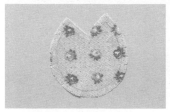
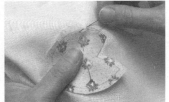

在布的正面作記號，加上0.3至0.5cm的縫份後裁布。在凹處或彎弧處剪牙口，但不要剪太深以免綻線，大約剪到距記號0.1cm的位置。接著疊放在土台布上，沿著記號以針尖摺疊縫份，以立針縫縫合。

方法B（作好形狀再與土台布縫合）

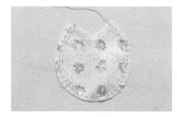

在布的背面作記號，與A一樣裁布。平針縫彎弧處的縫份。始縫結打大一點以免鬆脫。接著將紙型放在背面，拉緊縫線，以熨斗整燙，也摺好直線部分的縫份。線不動，抽掉紙型，以藏針縫縫合於土台布上。

基本縫法

◆平針縫◆
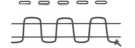

◆回針縫◆

◆立針縫◆
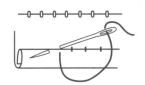

◆星止縫◆

◆捲針縫◆
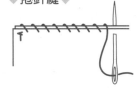

◆梯形縫◆
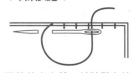

兩端的布交替，針趾與布端呈平行的挑縫

安裝拉鍊

從背面安裝

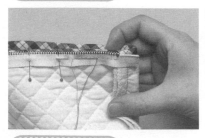

對齊包邊端與拉鍊的鍊齒，以星止縫縫合，以免針趾露出正面。以拉鍊的布帶為基準就能筆直縫合。
※縫合脅邊再裝拉鍊時，將拉鍊下止部分置於脅邊向內1cm，就能順利安裝。

從正面安裝

同上，放上拉鍊，從表側在包邊的邊緣以星止縫縫合。縫線與表布同顏色就不會太醒目。因為穿縫到背面，會更牢固。背面的針趾還可以裡袋遮住。

拉鍊布端可以千鳥縫或立針縫縫合。

包邊繩作法

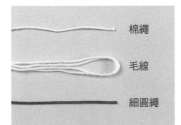

棉繩
毛線
細圓繩

以斜紋布條將芯包住。若想要鼓鼓的效果就以毛線當芯，或希望結實一點就以棉繩或細圓繩製作。棉繩與細圓繩是以用斜紋布條邊夾邊縫合，毛線則是斜紋布條縫合成所需寬度後再穿。

◆棉繩或細圓繩◆

◆毛線◆

縫合側面或底部時，先暫時固定於單側，再壓緊一邊將另一邊包邊繩縫合固定。始縫與止縫平緩向下重疊。

作品紙型＆作法

＊圖中的單位為cm。
＊圖中的❶❷為紙型號碼。
＊完成作品的尺寸多少會與圖稿的尺寸有所差距。
＊關於縫份，原則上布片為0.7cm、貼布縫為0.3至0.5cm，其餘則預留1cm後進行裁剪。
＊附註為原寸裁剪標示時，不留縫份，直接裁剪。
＊P.82至P.85請一併參考。
＊刺繡方法請參照P.94。
＊小木屋縫法請參照P.22。

P65　No.81 床罩　●紙型A面❺（圖案＆I布片的原寸紙型）

◆材料
各式拼接、貼布縫用布片　G、H用布2種各70×50cm　F、I至R用布60×210cm　S至V用布80×210cm　滾邊用寬3cm斜布條780cm　鋪棉、胚布各100×435cm

◆作法順序
拼接布片，完成56片圖案→圖案接縫F至R布片，彙整成區塊，周圍接縫S至V布片，完成表布→疊合鋪棉、胚布，進行壓線→進行周圍滾邊。

◆作法重點
○圖案縫法請參照P.66。
○角上進行畫框式滾邊（請參照P.84）。

圖案的配置圖

貼布縫

完成尺寸　208×179cm

區塊的配置圖
※由左上往右下依序完成配置。

圖案1片＋F布片2片

圖案4片＋F布片5片

圖案6片＋F布片6片

圖案8片＋F布片8片

圖案9片＋F布片10片

圖案9片＋F布片10片

圖案9片＋F布片8片

圖案5片＋F布片6片

圖案4片＋F布片4片

圖案1片＋F布片2片

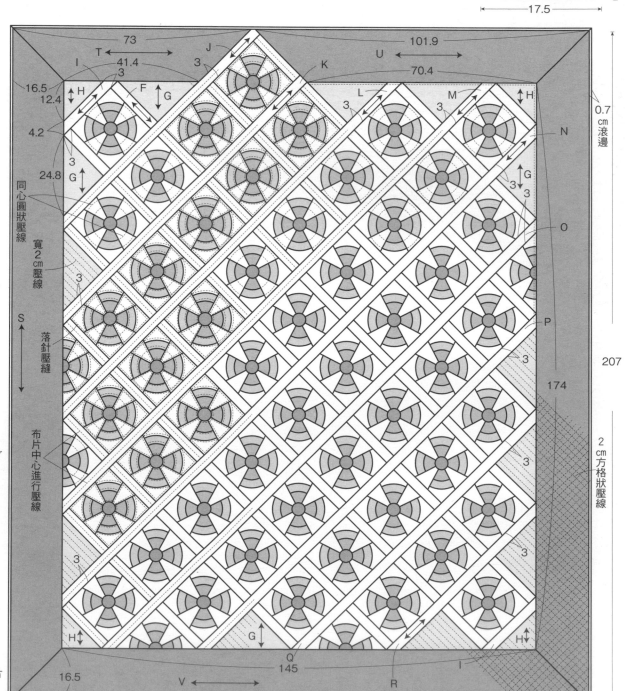

86

◆材料
各式貼布縫用布片　A用布25×30cm　B、
B'用布40×30cm　側身用布70×10cm
袋口布25×25cm　包釦用布10×10cm
鋪棉、胚布各70×35cm　直徑2cm包釦心
4顆　寬0.5cm蕾絲120cm　直徑0.3cm蠟繩
100cm　長35cm皮革提把1組　25號繡線
各色適量

◆作法順序
前片的A布片進行貼布縫與刺繡→接縫A
與B、B'布片，完成前片與後片的表布→
前片、後片、側身的表布疊合鋪棉與胚布，
進行壓線→製作袋口布→依圖示完成縫製。

完成尺寸　30.5 × 21cm

包釦

原寸裁剪
直徑4cm
圓形

（正面）

包釦心（背面）

0.5

周圍進行平針縫，
放入包釦，拉緊縫線。

前片　提把接縫位置
3　6.5　中心　6.5
6　　　　　　　6
輪廓繡
雛菊繡
B'
B
A
B'
縫合固定蕾絲　法國結粒繡
21

後片　提把接縫位置
6.5　中心　6.5
6　　　　　　　6
B'
1.5
cm
方格狀
壓線
A
B
袋底
中心
縫合固定蕾絲
21

1.5
cm
方格狀
壓線
沿著貼布縫圖案邊緣
進行落針壓縫
26

半徑6cm
的圓弧狀

側身　壓線
4　中心
34
※胚布預留縫份2cm。

袋底中心
摺雙
5

袋口布（2片）
袋口摺疊位置　4.5
9
4.5
21
※左右1.5cm，上下0.7cm，
分別預留縫份後，進行裁布。

袋口布
①
1.5　（正面）1.5
4　1.5cm穿繩口　4
1.5　（背面）1.5
正面相對疊合2片，預留
穿繩口，縫合兩端。

②
（背面）　穿繩口
0.7　　　0.7
穿繩口　車縫
燙開縫份，摺成三褶，
進行車縫。

③
（正面）2　袋口摺疊位置
車縫
1.5　以預留穿繩口
側為表側。
背面相對，由袋口摺疊位置
摺疊後，進行車縫。

縫製方法

①
完成壓線的後片（正面）
沿著縫合針目處理縫份
完成壓線的側身（背面）
0.7
1.5
藏針縫
完成壓線的前片（背面）
1.5
0.7
縫合
前片與後片正面相對疊合側身，進行縫合，
以側身胚布包覆縫份，進行藏針縫。

②
縫合　0.7
避開袋口布的其中一側縫份
袋口布（背面）
袋口布的摺雙側
本體（正面）
本體翻至正面後，正面相對疊合袋口布，
避開其中一側縫份，進行縫合。

側身中心
對齊
袋口布的接縫針目

③
藏針縫
本體（正面）
立起袋口布，摺入縫份，
進行藏針縫，縫於胚布。

袋口布（正面）

④
③由左、右側的穿繩口
穿入蠟繩
④以2顆包釦夾
縫蠟繩端部。
①以回針縫縫合
固定提把。
長50cm
蠟繩2條
本體（正面）

2.5
2
②胚布側的提把接
縫位置，以藏針
縫縫上補強片。

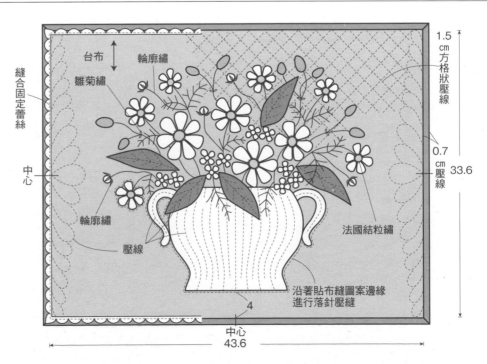

◆材料
各式貼布縫用布片　台布、鋪棉、胚布各
50×40cm　滾邊用寬3cm斜布條、寬0.5
cm蕾絲各180cm　25號繡線各色適量

◆作法順序
台布進行貼布縫、刺繡，完成表布→疊合
鋪棉、胚布，進行壓線→進行周圍滾邊，
縫合固定蕾絲。

◆作法重點
○角上進行畫框式滾邊（請參照P.84）。

完成尺寸　35 × 45cm

台布
輪廓繡
雛菊繡
縫合固定蕾絲
中心
輪廓繡
壓線
法國結粒繡
沿著貼布縫圖案邊緣
進行落針壓縫
中心
43.6
1.5
cm
方格狀
壓線
0.7
cm
壓線
33.6
4

◆材料
各式拼接用布片　後片用布90×45cm（包含側身、袋口布、拉鍊襠片部分）　鋪棉、胚布各100×50cm　滾邊用寬4cm斜布條240cm　長30cm拉鍊1條　長140肩背帶1條

◆作法順序
拼接布片，完成表布→前片、後片、側身疊合鋪棉與胚布，進行壓線→製作袋口布→依圖示完成縫製。

完成尺寸　24×28.5cm

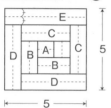
肩背帶

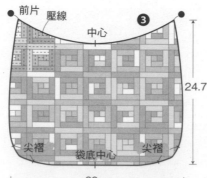
前片　壓線　❸　中心　24.7　尖褶　袋底中心　尖褶　29

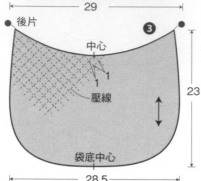
後片　❸　中心　1　壓線　23　袋底中心　28.5

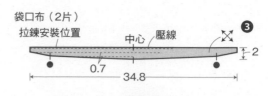
袋口布（2片）　拉鍊安裝位置　中心　壓線　❸　2　0.7　34.8

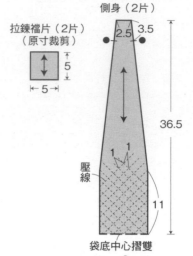
拉鍊襠片（2片）（原寸裁剪）　5　5　側身（2片）　2.5　3.5　36.5　壓線　1　1　11　袋底中心摺雙　8

圖案的配置圖 ❸

E　C　A　C　D　B　B　D　5　5

袋口布

① 胚布（正面）　鋪棉　拉鍊（正面）　表布（背面）　縫合

正面相對疊合袋口布的表布與胚布，對齊中心，夾入拉鍊，疊合鋪棉，進行縫合。

② 壓線　1　0.2cm壓線　表布（正面）

翻向正面，車縫針目。另一側也以相同作法進行壓線。

縫製方法

① 前片（背面）　疏縫

摺疊前片尖褶，進行疏縫固定。

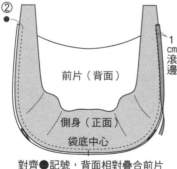
② 前片（背面）　1cm滾邊　側身（正面）　袋底中心

對齊●記號，背面相對疊合前片與側身，進行縫合，進行縫份滾邊，後片也以相同方法進行縫合。

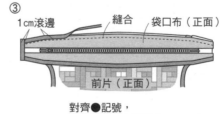
③ 1cm滾邊　縫合　袋口布（正面）　前片（正面）

對齊●記號，背面相對疊合袋口布，縫合後進行縫份滾邊。

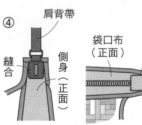
④ 肩背帶　縫合　側身（正面）　袋口布（正面）　拉鍊襠片　1cm摺疊

將肩背帶縫合固定於側身側。摺疊拉鍊襠布四邊，縫合固定於袋口布。

◆材料
各式拼接用布片　G用布20×20cm　H用布15×25cm　小花飾片用布25×15cm　鋪棉、胚布各40×25cm　長30cm拉鍊1條　主題圖案蕾絲3片

◆作法順序
拼接布片，完成4片圖案→接縫圖案與G、H布片，彙整成表布→製作小花飾片→依圖示完成縫製。

完成尺寸　11×22cm

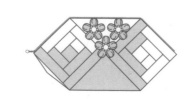

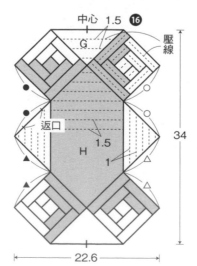
中心　1.5　⓰　G　壓線　返口　H　1.5　1　34　22.6

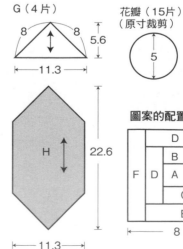
G（4片）　8　8　5.6　11.3　H　22.6　11.3

花瓣（15片）（原寸裁剪）　5

圖案的配置圖
D　B　F　D　A　C　E　C　E　8　8

88

◆**材料**

各式拼接用布片（包含包釦部分） 袋底用布20×15cm 裡袋布60×45cm（包含袋口布部分） 鋪棉、胚布各70×25cm 滾邊用寬3cm斜布條110cm 寬0.8cm蕾絲55cm 直徑0.3cm蠟繩130cm 直徑2.5cm包釦4顆 長24cm皮革提把1組

◆**作法順序**

拼接布片完成袋身表布→袋身、袋底疊合鋪棉與胚布，進行壓線→依圖示完成縫製。

完成尺寸　14.5×26cm

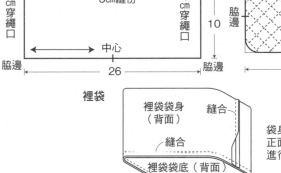

※裡袋為一整片相同尺寸布料裁成。

袋口布（2片）

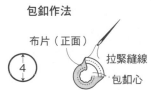

袋底（表布、裡袋各1片）

半徑2cm的圓弧狀

包釦作法

布片（正面）

拉緊縫線
包釦心

裡袋

袋身正面相對縫成桶狀後，正面相對疊合袋身與袋底，進行縫合。

縫製方法

①

正面相對摺疊袋身，進行縫合。

②

0.7cm滾邊
袋身的曲線部位剪牙口

背面相對疊合袋身與袋底，進行縫合。進行縫份滾邊。

③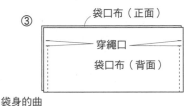

穿繩口

正面相對疊合2片袋口布，縫合兩脇邊的穿繩口以下部分。

④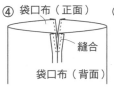

燙開縫份，進行縫合。

⑤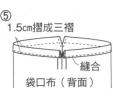

1.5cm摺成三褶

袋口側縫份摺成三褶後，進行縫合。

⑥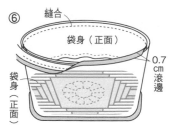

0.7cm滾邊

本體袋口側背面相對疊合袋口布後，進行縫合。進行縫份滾邊。

⑦

藏針縫

裡袋正面相對放入本體，以藏針縫縫於袋口布下邊。

⑧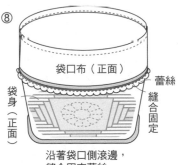

蕾絲
縫合固定

沿著袋口側滾邊，縫合固定蕾絲。

⑨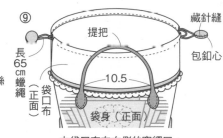

提把
藏針縫
包釦心
長65cm蠟繩

由袋口布左右側的穿繩口，交互穿入長65cm蠟繩。以包釦心夾縫蠟繩端部。縫合固定提把。

縫製方法

①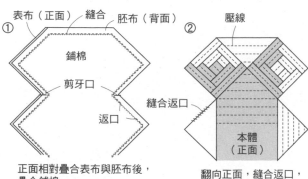

表布（正面）　縫合
胚布（背面）
鋪棉
剪牙口
返口

正面相對疊合表布與胚布後，疊合鋪棉，預留返口，縫合周圍。沿著縫合針目邊緣修剪鋪棉，縫份凹處剪牙口。

② 壓線

縫合返口
本體（正面）

翻向正面，縫合返口，進行壓線。

小花飾片

平針縫
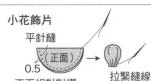
（正面）
0.5
拉緊縫線

正面相對對摺，沿著周圍進行平針縫。

以相同方法製作5片花瓣後串縫。中心縫合固定主題圖案蕾絲。

花形主題圖案蕾絲

③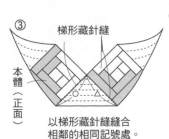

梯形藏針縫
本體（正面）

以梯形藏針縫縫合相鄰的相同記號處。

④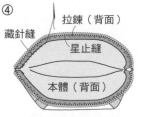

拉鍊（背面）
藏針縫
星止縫
本體（背面）

以星止縫縫合固定拉鍊，進行藏針縫，將拉鍊邊端縫於胚布。

⑤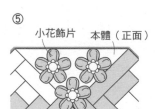

小花飾片　本體（正面）

完成3片小花飾片後，縫合固定。

No.3 壁飾 ●紙型A面❷❻（圖案的原寸紙型）

◆材料
各式拼接、YOYO球用布片　K、L用布110×140cm（包含滾邊用寬4cm斜布條部分）　鋪棉、胚布各100×210cm　寬0.5cm波形織帶380cm

◆作法順序
拼接布片完成36片圖案→拼縫圖案後，左右上下接縫K、L布片，完成表布→疊合鋪棉、表布，進行壓線→進行周圍滾邊→製作YOYO球，並排縫合固定於周圍→縫合固定波形織帶。

◆作法重點
○圖案翻轉90度或180度後配置，進行配色，使菱形圖案浮出而顯得立體。
○角上進行畫框式滾邊（請參照P.84）。

完成尺寸　132×132cm

YOYO球

原寸裁剪成直徑9cm圓形

朝著背面摺疊縫份0.5cm，周圍進行平針縫，拉緊縫線。

圖案的配置圖

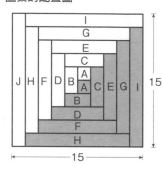

15

15

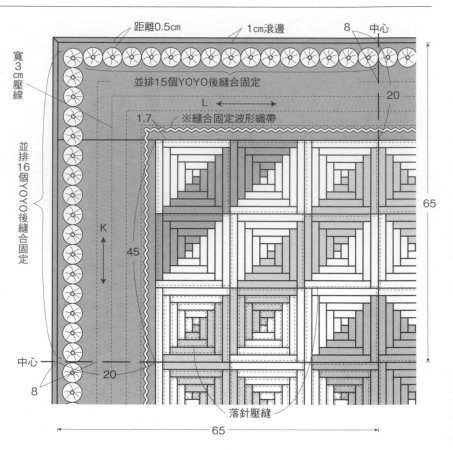

距離0.5cm　1cm滾邊　8　中心
寬3cm壓線
並排15個YOYO後縫合固定
並排16個YOYO後縫合固定
L
1.7　※縫合固定波形織帶
K
45
65
20
中心
8　20
落針壓縫
65

No.14 餐墊 ●紙型B面❽（F布片的原寸紙型&壓線圖案）

◆材料
各式拼接、緣飾用布片　E、F用布90×25cm　鋪棉、胚布各70×50cm　寬0.5cm波形織帶120cm

◆作法順序
拼接布片完成16片圖案（原寸紙型請參照P.111下）→拼縫圖案，周圍接縫E、F布片後，裁掉圖案的多餘部分→製作緣飾→表布周圍暫時固定緣飾→依圖示完成縫製→進行壓線，縫合固定波形織帶。

完成尺寸　45×63cm

圖案的配置圖

9

9

緣飾（6片的作法）

① 原寸裁剪
縱8×橫14cm
2　4　2
4　4　4
交互剪牙口

② 剪牙口後摺疊三角形
（正面）

③ 再摺成三角形

④ 下部三角形往上摺疊後，暫時固定於表布。

縫製方法

表布（正面）
沿著縫合針目邊緣修剪鋪棉
胚布（背面）
10cm返口
預留返口，進行縫合。
先暫時固定飾布

正面相對疊合表布與胚布，表布側疊合鋪棉後，預留返口，進行縫合。翻向正面，縫合返口，進行壓線。

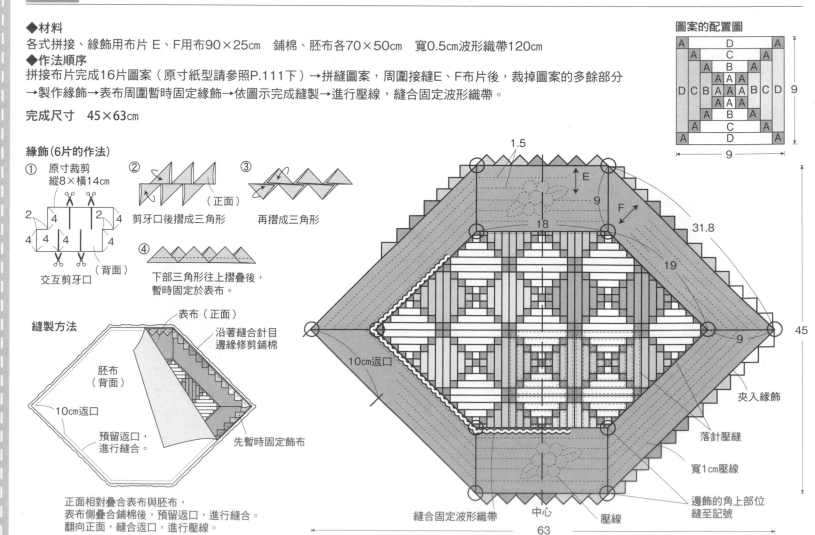

1.5
E
9
F
18
31.8
19
45
9
夾入緣飾
落針壓縫
寬1cm壓線
邊飾的角上部位縫至記號
縫合固定波形織帶　中心　壓線
63

◆材料
各式貼布縫、拼接用布片
貼布縫用寬5cm斜布條220cm
鋪棉、胚布各100×100cm　寬5cm滾邊用布390cm
25號綠色繡線適量

◆作法順序
拼接布片完成36片圖案→拼縫圖案，完成表布→
進行貼布縫、刺繡→疊合鋪棉、胚布，進行壓線。

◆作法重點
○以「明暗」配色完成圖案。
○右下貼布縫請參照配置圖與左上圖案。

完成尺寸　93×93cm

圖案的配置圖

原寸紙型

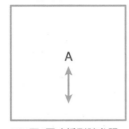

※B至J原寸紙型請參照
P.90。

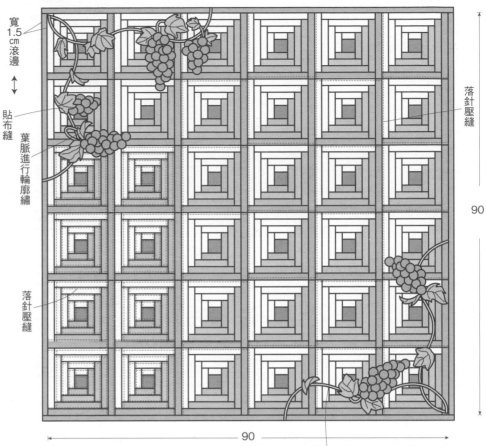

寬1.5cm滾邊

貼布縫

葉脈進行輪廓繡

落針壓縫

落針壓縫

90

90

莖部以原寸裁剪成寬1.5cm的斜布條進行貼布縫

◆材料
各式拼接用布片　袋底用布（包含裡布部
分）50×30cm　鋪棉65×15cm　長18cm
拉鍊1條　25號繡線各色適量

◆作法順序
完成4片圖案，接縫後進行刺繡→製作袋底
→依圖示完成縫製。

完成尺寸　12.5×20cm

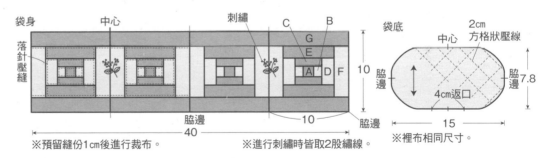

袋身　中心　刺繡　C　B
落針壓縫　G E A D F
10
脇邊　脇邊　脇邊
40　10
※預留縫份1cm後進行裁布。　※進行刺繡時皆取2股繡線。

袋底　2cm方格狀壓線
中心　7.8
4cm返口
15
※裡布相同尺寸。

縫製方法

① 兩端預留1.5cm後進行壓線。

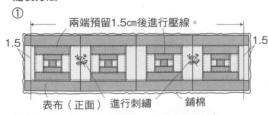

1.5　1.5

表布（正面）　進行刺繡　鋪棉
袋身表布完成拼接、刺繡後，背面疊合鋪棉，
兩端預留1.5cm，進行壓線。

裡布
（原寸裁剪）
17.5
摺雙
21

袋底
① 壓線　鋪棉
表布（正面）　裡布（背面）　返口
完成2層壓線的表布與裡布，
正面相對疊合後，預留返口，
進行縫合。

② 袋底（正面）
沿著縫合針目修剪鋪棉，
翻向正面，縫合返口。

②
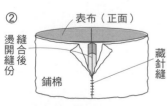
表布（正面）
燙縫開合縫份　藏針縫
鋪棉
正面相對摺疊袋身，
避開鋪棉，進行縫合。
併攏避開的鋪棉，進行藏針縫。

③

裡布（背面）
1
摺雙
正面相對疊合裡布，
縫成筒狀。

④
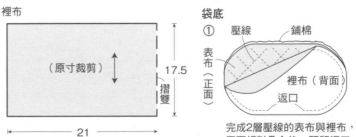
4.5　裡布（正面）　1.5
進行預留壓線部分
袋身（正面）
3　1
袋身翻至正面後，預留部分進行壓線，
背面相對疊合裡布，以裡布包覆上、
下縫份，進行縫合。

⑤
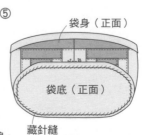
袋身（正面）
袋底（正面）
藏針縫
背面相對疊合袋身與
袋底，進行藏針縫。

⑥
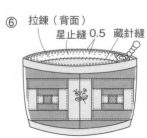
拉鍊（背面）
星止縫 0.5　藏針縫
朝著內側摺疊拉鍊，
避免影響正面美觀，
進行縫合固定。

◆材料
各式拼接用布片 本體用布
40×45cm（包含提把、繩飾部
分）袋口布35×30cm 袋蓋裡布
25×30cm 口袋A、B用布各
25×20cm 扣帶用布15×5cm
鋪棉60×40cm 胚布30×35cm
直徑1.5cm縫式磁釦1組 直徑1.3
cm按釦2組 直徑2cm鈕釦2顆
長20cm拉鍊1條 直徑0.3cm蠟繩
130cm 厚0.3cm塑膠板20×9cm
厚接著襯35×20cm 薄接著襯
15×5cm

◆作法順序
拼縫圖案，完成袋蓋表布→疊合
鋪棉，進行壓線→製作口袋A、
B→製作袋蓋→本體表布疊合鋪
棉、胚布，進行壓線→縫製本體
→製作袋口布，縫合固定於本體
→製作扣帶→製作提把→將提把
與袋蓋縫合固定於本體。

完成尺寸　10×20×8cm

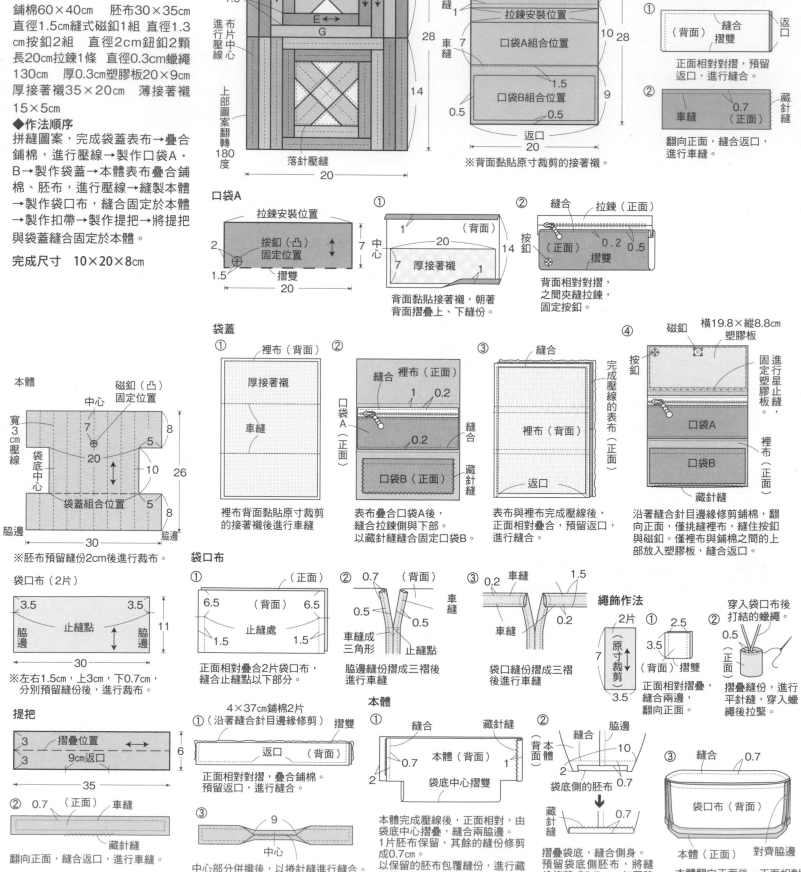

92

◆材料
各式拼接用布片 L、M用布110×40cm 圖案底色用
白色金蔥印花布110×130cm 鋪棉、胚布各
100×130cm 滾邊用寬3.5cm1.5cm斜布條425cm
25號綠、紅色繡線適量

◆作法順序
拼接a與A至K'布片，完成32片圖案（拼縫順序請參
照P.80）→接縫圖案與L、M布片，完成表布→疊合
鋪棉與胚布，進行壓線→M布片進行刺繡→進行周圍
滾邊。

◆作法重點
○請參照P.84，角上進行畫框式滾邊。

完成尺寸 114.5×92cm

圖案的配置圖

表布的彙整方法

縫份倒向

中心

原寸刺繡圖案

輪廓繡
（取2股繡線）

中心 1cm方格狀壓線 刺繡 0.8cm滾邊

8 8

落針壓縫

0.4

落針壓縫

113

1

2

16
M
16
22.6

L
8 8
11.3

45.2

扣帶

① 原寸裁剪4.5×12cm。
3
0.7
0.7
背面黏貼薄接著襯，
朝著背面摺疊兩邊端。

② 1.5
1
1
對摺後縫合兩邊端

③ 摺雙
縫份修剪成0.5cm，
角上裁成三角形。
由下部摺雙部位翻向正面。

④ 藏針縫
凹 凸
按釦
上部進行藏針縫後，縫上按釦。

原寸紙型

C

B

A

※A至C的圖案拼縫順序請參照P.80。

④
0.5 車縫 1 0.2 0.5
4.5 袋口布（正面） 4.5
接縫處 接縫處
4.5 4.5
0.5 本體（正面） 0.5cm抓縫

袋口布翻向正面，
放入本體後，進行車縫。
抓縫4處確實固定。

⑤
長65cm
蠟繩2條
提把
繩飾
磁釦（凹）

立起袋口布，由左右側穿繩口，
穿入蠟繩，蠟繩端部縫上繩飾。
縫合固定提把與磁釦。

提把
4
1.5
脇邊
提把
固定釦

⑥ 袋蓋（正面）
袋蓋（背面）
扣帶
藏針縫

將袋蓋疊合於本體的組合位置，
以藏針縫縫合下部。

93

◆材料
各式拼接用布片 鋪棉、胚布各110×110cm
寬6cm滾邊用布450cm

◆作法順序
拼接布片完成100片圖案→分別拼縫4片圖
案，完成25個區塊，進行接縫，彙整成表布
→疊合鋪棉、胚布，進行壓線→左右上下依
序進行周圍滾邊。

完成尺寸 108×108cm

圖案的配置圖 ⑪

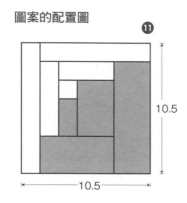

10.5
10.5

落針壓縫　　1.5cm滾邊

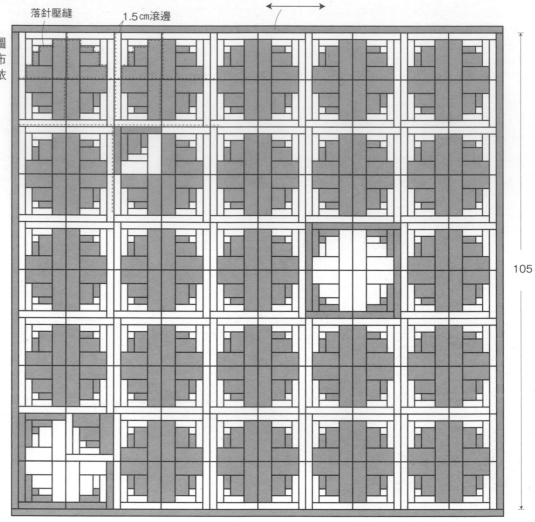

105
105

繡 法

輪廓繡

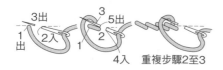
3出　3
1出　5出
1出　2入
2入　2
4入　重複步驟2至3

鎖鍊繡

3出　1出　4入
2入
5出　重複步驟2至3

緞面繡
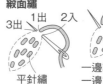
3出　1出　2入
平針繡
一邊調節針目，
一邊重複步驟2至3。

法國結粒繡

1出
1出　2入

魚骨繡
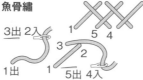
3 2 6
3出 2入
1　5 4
1
3　2
5出 4入
1出　1

十字繡

3出
1出　2入　4入
5入

回針繡

1出
3出　2入

平針繡

5出　3出　2入
4入　1出

飛羽繡
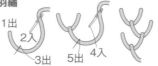
1出
1　2入
3出　5出　4入

雛菊繡

3出
2入　1出　4入

直針繡

1 3 5
出 出 出　7出
2 4 6　8入
入 入 入

94

◆材料
各式拼接、貼布縫用布片　A用布35×35cm　鋪棉、胚
布各70×70cm　寬3.5cm滾邊用布240cm
◆作法順序
參照P.22，以快速壓縫完成16片圖案→接縫圖案，圖
案中心分別進行貼布縫→疊合鋪棉與胚布，進行壓線
→上下左右依序進行周圍滾邊。

完成尺寸　57.5 × 57.5cm

圖案的配置圖　❷

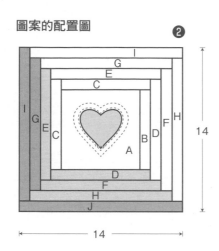

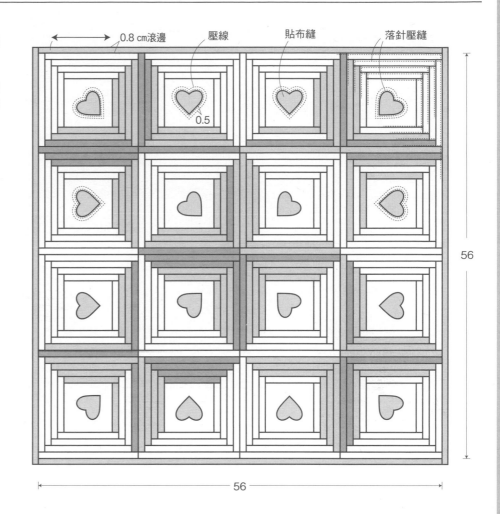

◆材料
各式拼接用布片　G至I用布120×80cm　鋪棉、胚布各
110×130cm　滾邊用寬4cm斜布條440cm
◆作法順序
拼接布片完成36片圖案→接縫圖案與G至I布片，彙整
成表布→疊合鋪棉、胚布，進行壓線→進行周圍滾邊。
◆作法重點
○角上進行畫框式滾邊（請參照P.84）。

完成尺寸　119×99cm

圖案的配置圖　⓱

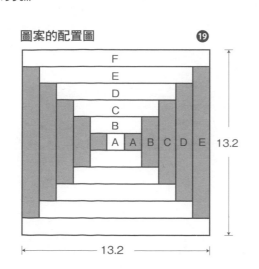

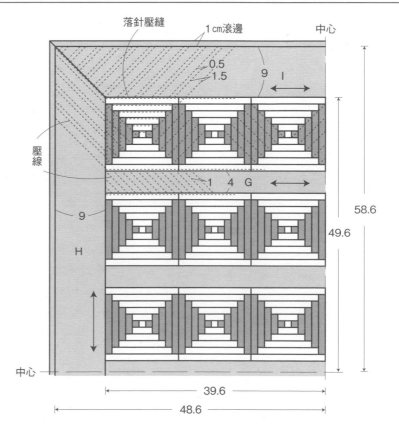

95

◆材料
綠色印花布110×45cm（包含滾邊部分）　粉
紅色素布55×45cm　白色素布110×45cm
鋪棉、胚布各80×80cm

◆作法順序
拼接16片圖案，拼縫成4列× 4列→拼接布
片完成帶狀區塊後，依左右上下順序接縫於
周圍，彙整成表布→疊合鋪棉、胚布，進行
壓線→依左右上下順序進行周圍滾邊。

◆作法重點
○參照配置圖，於喜愛位置進行壓線。

完成尺寸　71×71cm

圖案外側帶狀區塊（內側2片）的尺寸

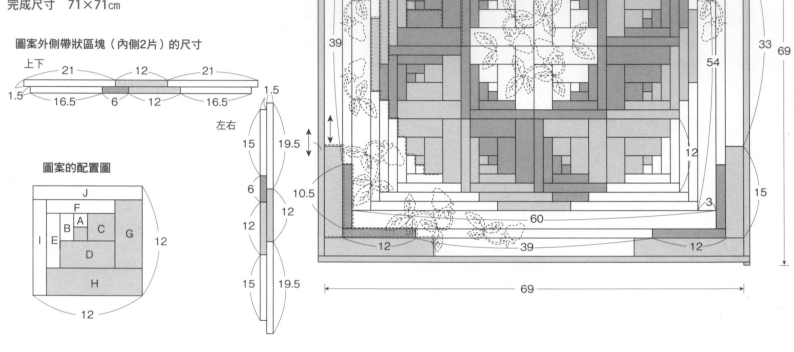

圖案的配置圖

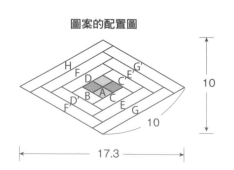

◆材料
各式拼接用布片 I至K用布60×45cm　L、M
用布70×80cm（包含滾邊部分）　鋪棉、胚
布各75×75cm

◆作法順序
完成18片圖案，分別接縫3片→接縫I至K布
片→周圍接縫L、M布片，完成表布→疊合鋪
棉與胚布→進行壓線→進行周圍滾邊。

◆作法重點
○滾邊方法請參照P.84。

完成尺寸　66 × 67.5cm

圖案的配置圖

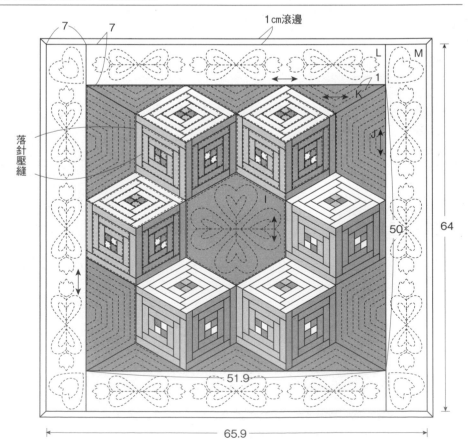

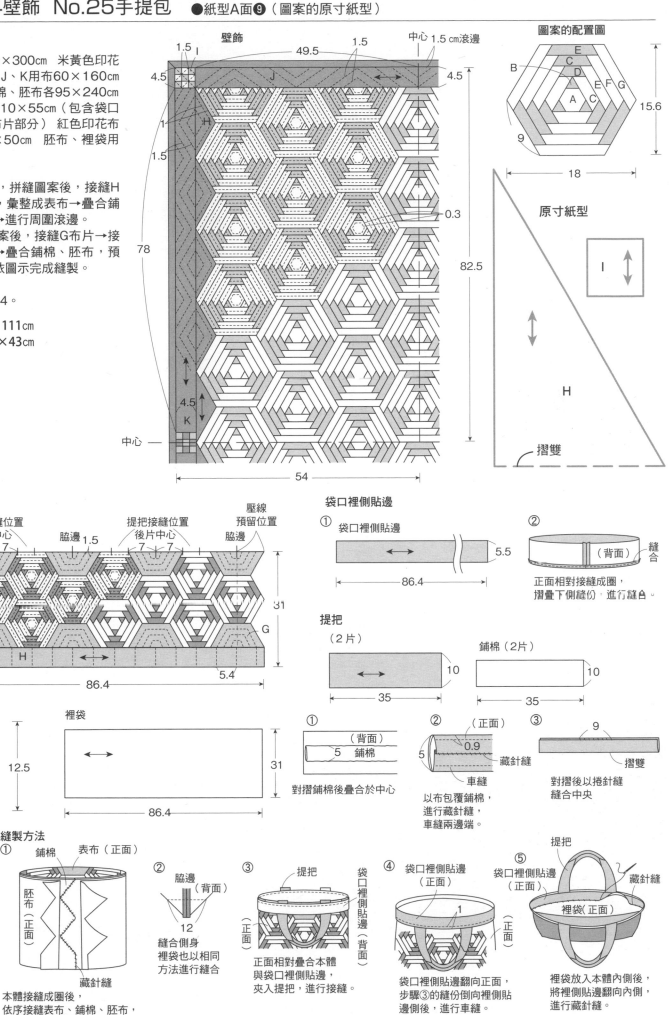

◆材料
壁飾 白色印花布100×300cm 米黃色印花布110×170cm H、J、K用布60×160cm（包含滾邊部分）鋪棉、胚布各95×240cm

手提包 綠色印花布110×55cm（包含袋口裡側貼邊、提把、H布片部分）紅色印花布55×40cm 鋪棉95×50cm 胚布、裡袋用布各95×35cm

◆作法順序
壁飾 完成74片圖案，拼縫圖案後，接縫H布片→接縫I至K布片，彙整成表布→疊合鋪棉、胚布，進行壓線→進行周圍滾邊。

手提包 完成12片圖案後，接縫G布片→接縫H布片，完成表布→疊合鋪棉、胚布，預留兩端，進行壓線→依圖示完成縫製。

◆作法重點
○滾邊方法請參照P.84。

完成尺寸　壁飾168×111cm
　　　　　手提包 25×43cm

壁飾

圖案的配置圖

原寸紙型

手提包

圖案的配置圖

裡袋

縫製方法

袋口裡側貼邊

提把

P 44 No.56 桌旗　No.57 餐墊　●紙型A面❷

◆材料（1件的用量）
餐墊　各式貼布縫用布片　表布、裡布各40×30cm
25號繡線適量
桌旗　各式貼布縫用布片　表布、裡布各110×35cm
穗飾用25號繡線2束　25號金色、銀色繡線（刺繡
用）適量
◆作法順序
表布進行貼布縫與刺繡→依圖示完成縫製。
◆作法重點
○充分考量貼布縫突出部分，裁布時多預留縫份。
○縫合表布與裡布時，貼布縫部分沿著完成線外側
　0.1cm進行縫合，表布翻至正面後，就不會露出裡
　布而影響美觀。
○縫份的凹入部位剪牙口。

完成尺寸　餐墊 25×33cm
　　　　　桌旗 27×106cm

餐墊

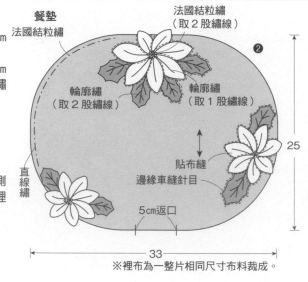

法國結粒繡
法國結粒繡（取2股繡線）
輪廓繡（取2股繡線）
輪廓繡（取1股繡線）
直線繡
貼布縫
邊緣車縫針目
5cm返口
❷

33

※裡布為一整片相同尺寸布料裁成。

縫製方法（相同）

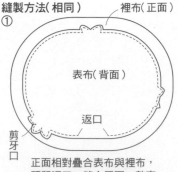

①
裡布（正面）
表布（背面）
返口
剪牙口

正面相對疊合表布與裡布，
預留返口，縫合周圍，整齊
修剪縫份。

②
（正面）

翻向正面，縫合返口，
車縫針目。

25

桌旗

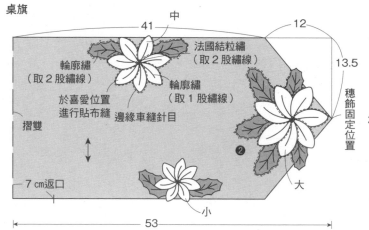

中
41
12
13.5
法國結粒繡（取2股繡線）
輪廓繡（取2股繡線）
輪廓繡（取1股繡線）
於喜愛位置進行貼布縫
摺雙
邊緣車縫針目
7cm返口
穗飾固定位置
❷
大
小
27
53

※裡布為一整片相同尺寸布料裁成。

穗飾

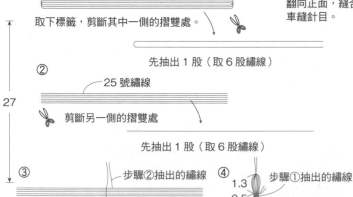

①
25 號繡線
取下標籤，剪斷其中一側的摺雙處。
先抽出 1 股（取 6 股繡線）

②
25 號繡線
剪斷另一側的摺雙處
先抽出 1 股（取 6 股繡線）

③
步驟②抽出的繡線
繫綁中央後對摺

④
步驟①抽出的繡線
1.3
0.5
約6cm

由距離摺雙側1.3cm位置，
往下繞線0.5cm，完成上部
繞線後，與繞線起點的線打
結，將繡線穿上縫針，穿入
本體內側。

P 14 No.20 手提包

◆材料
各式拼接用布　G至I用布70×35cm（包含後片部分）
側身用布90×10cm　胚布110×60cm（包含袋口裡側
貼邊、口袋、YOYO球部分）　滾邊用寬4cm斜布條
230cm　鋪棉90×50cm　長30cm拉鍊1條　長44cm提
把1組　厚接著襯30×25cm　25號繡線適量
◆作法順序
拼接布片完成4片圖案後，進行拼縫→接縫G至I布片，
完成前片表布→疊合鋪棉與胚布，進行壓線→後片、
側身以相同方法進行壓線→依圖示完成縫製。
◆作法順序
○B至F布片的原寸紙型與P.89作品相同。

完成尺寸　30×30cm

前片　提把接縫位置
脇邊
6　中心　6
脇邊

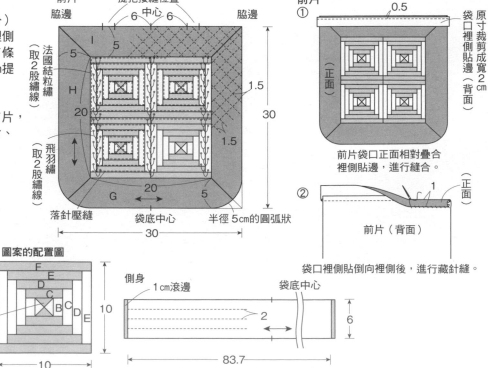

法國結粒繡（取2股繡線）
飛羽繡（取2股繡線）
I
5
5
H
20
G
20
5
1.5
1.5
1.5
30
30
落針壓縫
袋底中心
半徑 5cm的圓弧狀

前片

①
0.5
原寸裁剪成寬2cm袋口裡側貼邊（背面）
（正面）

前片袋口正面相對疊合
裡側貼邊，進行縫合。

②
1
（正面）
前片（背面）

袋口裡側貼邊倒向裡側後，進行藏針縫。

圖案的配置圖
F
E
D
C
B
A
C D E
10

原寸紙型

A

10

側身　1cm滾邊
袋底中心
2
6
83.7

◆材料

各式配色用布　A用布40×40cm　B用布50×50cm 20×20cm台布16片　滾邊用寬4cm斜布條320cm 土台布、鋪棉、胚布各80×80cm　寬0.4cm接著斜布條16m　寬0.6cm接著斜布條13m　直徑0.5cm鈕釦3顆　直徑1.2cm包釦心3顆　寬0.3cm緞帶2種各15 cm　亮片、配件、串珠、25號繡線各適量

◆作法順序

土台布疊合台布與配色布，黏貼斜布條，完成ᄀ至 ᄒ→以藏針縫縫合斜布條，完成表布→疊合鋪棉、 胚布，進行壓線→進行周圍滾邊。

◆作法重點

○以一筆畫要領，一氣呵成地疊合ᄆ、ᄇ布片的斜 布條。

○包釦作法請參照P.26。

○滾邊方法請參照P.84。

完成尺寸　77×77cm

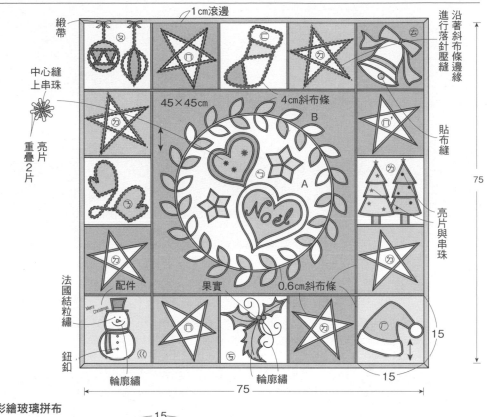

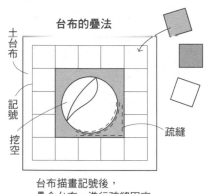

台布的疊法

台布描畫記號後， 疊合台布，進行疏縫固定。

彩繪玻璃拼布

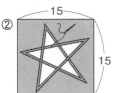

台布疊合配色布後， 疊合斜布條，以熨斗燙黏。

斜布條兩側進行 藏針縫

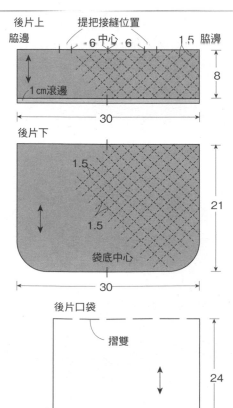

後片口袋

24

30

※一半黏貼原寸裁剪的厚接著襯。

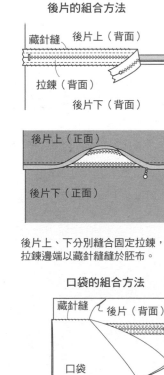

後片的組合方法

後片上、下分別縫合固定拉鍊， 拉鍊邊端以藏針縫縫於胚布。

口袋的組合方法

後片疊合口袋後進行藏針縫

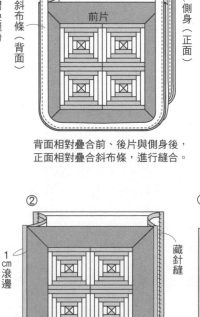

縫製方法

背面相對疊合前、後片與側身後， 正面相對疊合斜布條，進行縫合。

以斜布條包覆縫份後進行藏針縫

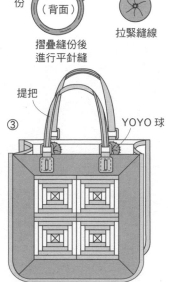

YOYO球

接縫提把，疊合YOYO球後， 進行藏針縫，隱藏手提包內側 的提把接縫針目。

◆材料
聖誕倒數月曆　各式拼接用布片　🔄用布
60×65cm　鋪棉、胚布各75×90cm（包含
日期卡部分）雙面接著襯25×25cm 直徑1cm
鈕釦24顆 寬0.4cm緞帶170cm
杯墊（1件的用量） 各式拼接用布片 鋪棉、
胚布各10×10cm

◆作法順序
聖誕倒數月曆　拼接A、B布片，完成42片圖
案→🔄的上下分別接縫11片圖案，左右分別
接縫10片，完成表布→疊合鋪棉、胚布，進
行壓線→進行周圍滾邊→將24顆鈕釦縫於喜
愛位置→製作口袋，以藏針縫縫於背面→製
作日期卡。
杯墊　拼接A至C布片，完成表布，依圖示完
成縫製。

◆作法順序
○滾邊方法請參照P.84。

完成尺寸　聖誕倒數月曆 73.5×67.5cm
　　　　　　杯墊 8.5×8.5cm

聖誕倒數月曆

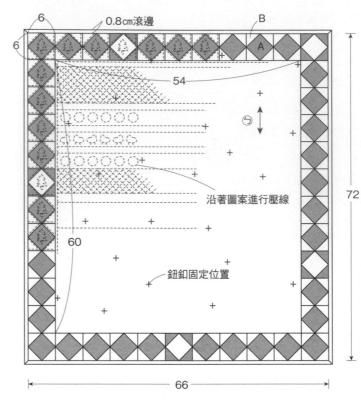

日期卡
（48片）

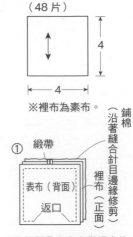

※裡布為素布

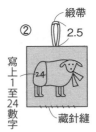

正面相對疊合表布與裡布後，
疊合鋪棉，對摺緞帶後夾入。
預留返口，縫合周圍。

沿著圖案進行壓線

鈕釦固定位置

翻向正面，
以藏針縫縫合返口。

口袋的組合方法

口袋

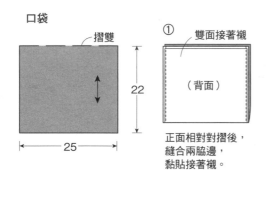

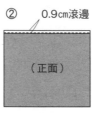

以藏針縫縫於本體
（背面）的右下方。

杯墊

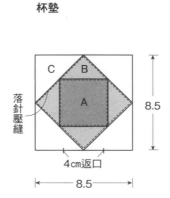

縫製方法

① 沿著縫合針目邊緣
修剪鋪棉

正面相對疊合表布與胚
布後，疊合鋪棉，預留
返口，縫合周圍。

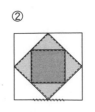

翻向正面，縫合返口，
進行壓線。

原寸紙型

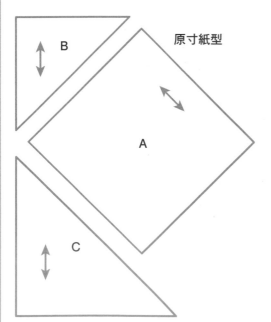

◆材料

圓錐形聖誕樹 各式拼接用布片 鋪棉40×40cm 底部用布、厚接著襯20×15cm 波形織帶、蕾絲15至30cm七種 直徑1.5cm羊毛球1顆 寬1cm絨球織帶40cm 長5cm木製線軸1個 棉花適量

杯套（1件的用量） 各式拼接用布片 鋪棉、胚布各25×15cm（包含扣帶部分） 魔鬼氈2.5×1cm

◆作法順序

圓錐形聖誕樹 拼接本體用布→疊合鋪棉，進行壓線，縫合固定織帶，修剪成本體形狀→依圖示完成縫製。

杯套 拼接布片完成表布→正面相對疊合胚布後，疊合鋪棉，縫合周圍→由返口翻向正面，縫合返口，進行壓線→製作扣帶，縫於本體→縫合固定魔鬼氈。

◆作法重點

○杯套縫製方法請參照P.100杯墊。

完成尺寸 圓錐形聖誕樹高36cm
　　　　 杯套高5.5cm

圓錐形聖誕樹
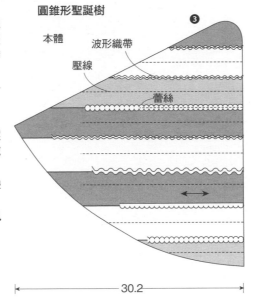
本體　波形織帶　壓線　蕾絲
32
30.2

本體
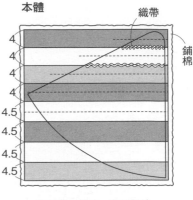
織帶　鋪棉
4　4　4　4　4　4.5　4.5　4.5　4.5　4.5
表布疊合鋪棉，進行壓線，縫合固定織帶，修剪周圍。

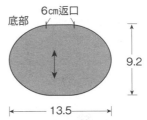
底部　6cm返口
9.2
13.5
※黏貼厚接著襯。

縫製方法

①
本體（背面）
正面相對對摺本體，縫合脇邊。

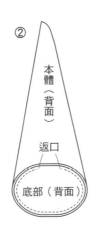
②
本體（背面）
返口
底部（背面）
正面相對疊合本體與底部，預留返口，縫合後翻向正面。

③
羊毛球
絨球織帶
線軸
縫合返口，本體與底部接縫處縫合固定絨球織帶，頂點黏貼羊毛球，底部黏貼線軸。

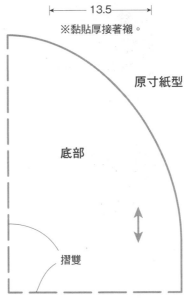
原寸紙型
底部
摺雙

杯套

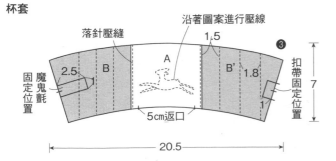
落針壓縫　沿著圖案進行壓線　1.5　❸
2.5　B　A　B'　1.8
固定魔鬼氈位置
扣帶固定位置
7
5cm返口
1
20.5

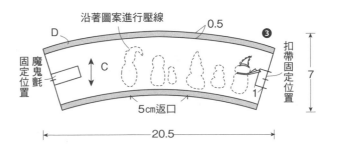
沿著圖案進行壓線　0.5　❸
D　固定魔鬼氈位置　C
扣帶固定位置
7
5cm返口
1
20.5

扣帶作法
（2片）
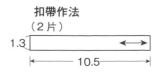
1.3
10.5

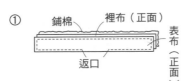
①
鋪棉　裡布（正面）
表布（正面）
返口
正面相對疊合表布與裡布後，疊合鋪棉，預留返口，縫合周圍。

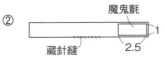
②
魔鬼氈　1
藏針縫　2.5
翻向正面，縫合返口，其中一側固定魔鬼氈。

◆材料
相同　各式拼接用布片（包含煙囪、裝飾部分）　單膠鋪棉、胚布各35×25cm　寬0.3cm波形織帶20cm　25號繡線適量
右　寬0.8cm心形配件1個　直徑0.3cm串珠7顆　直徑0.2cm串珠各適量
左　寬0.3cm緞帶18cm　直徑2cm小絨球1顆　寬1cm星形串珠5顆　直徑0.2cm串珠適量

◆作法順序
進行拼接、貼布縫，完成表布→表布貼合鋪棉後，與胚布正面相對疊合，縫合周圍→翻向正面，製作煙囪，以藏針縫夾縫於返口→進行壓線，縫合固定裝飾、串珠、緞帶等（右作品進行刺繡）。

◆作法重點
○B布片沿著圖案進行壓線。
○裝飾㋑㋩的原寸紙型請參照P.103。

完成尺寸　27×18cm

縫製方法

表布黏貼鋪棉後，
正面相對疊合胚布，
縫合周圍，翻向正面。

製作煙囪，
插入返口，進行藏針縫。
進行壓線，固定裝飾。

右
左

18　18

裝飾作法

配件

27

P51 No.69 迷你聖誕襪&遊戲卡片　●紙型A面㉔

◆材料
迷你聖誕襪　A用聖誕風印花布30×15cm
B用原色素布55×20cm（包含胚布、裡側貼邊、掛耳部分）　鋪棉30×20cm
遊戲卡　零碼布片適量

◆作法順序
迷你聖誕襪　拼接A與B布片→疊合鋪棉與胚布，進行壓線→依圖示完成縫製。
遊戲卡請依圖示製作。

◆迷你聖誕襪的作法重點
○沿著縫合針目邊緣修剪靴口鋪棉。
○縫份處理方法請參照P.85方法B。

完成尺寸　聖誕襪14×11.5cm
　　　　　遊戲卡1.8cm正方形

迷你聖誕襪
（2片）（對稱形裁剪）

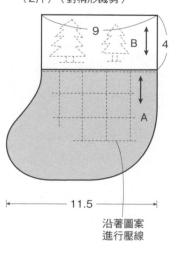

11.5

14

縫製方法

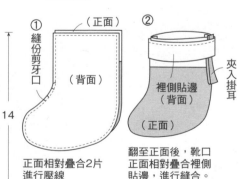

① 縫份剪牙口
正面相對疊合2片
進行壓線

② 翻至正面後，靴口正面相對疊合裡側貼邊，進行縫合。

③ 裡側貼邊翻向正面後，以藏針縫縫於裡布。

裡側貼邊

掛耳

遊戲卡

表、裡布（各1片）

① 摺入四邊的縫份 ②
背面相對疊合表布與裡布，
四邊進行藏針縫。

1.8
1.8

◆材料
聖誕襪 各式貼布縫、拼接用布片（包含掛耳部分）鋪棉、胚布各65×45cm 貼布縫用皮草15×10cm 滾邊用寬3.5cm斜布條、直徑1cm絨球織帶、寬0.4cm波形織帶各45cm 直徑0.3cm串珠6顆 喜愛的鈕釦11顆 25號繡線適量
壁飾 各式貼布縫用布片 A用布40×40cm B用布15×15cm C用布40×30cm 滾邊用寬3.5cm斜布條 190cm 直徑0.3cm珍珠5顆 25號繡線、金蔥線各適量

◆作法順序
聖誕襪 進行拼接與貼布縫，完成前片與後片表布→疊合鋪棉與胚布，進行壓線→正面相對疊合前片與後片，依圖示完成縫製→鈕釦縫於喜愛位置。
壁飾 A布片進行貼布縫後，周圍接縫B與C布片，完成表布→疊合鋪棉與胚布，進行壓線→進行刺繡，縫上串珠→進行周圍滾邊（請參照P.84，角上進行畫框式滾邊）。

◆作法重點
○製作聖誕襪，正面相對疊合前片與後片，完成縫合後，1片胚布保留餘份，將縫份修剪成2cm，其他鋪棉與布片的縫份修剪成1cm。
○壁飾進行壓線時，使用金蔥線或繡線（取2股繡線），完成的作品更華麗。A布片進行壓線時，花圈內側使用金蔥線，外側使用繡線。

完成尺寸 聖誕襪36×27cm
壁飾 45.5×45.5cm

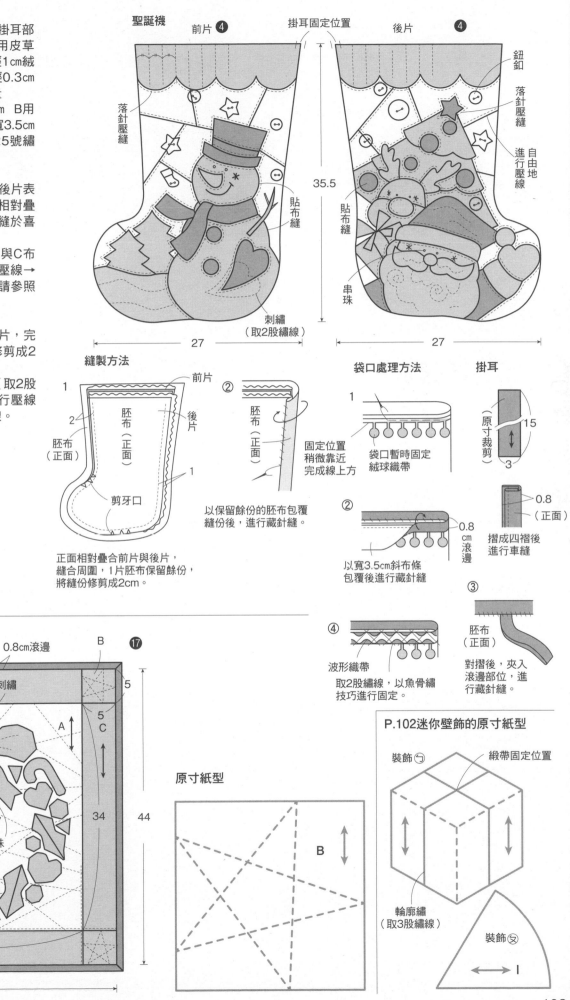

壁飾
貼布縫　中心　0.8cm滾邊　B ⑰
刺繡
自由地進行壓線
沿著圖案進行壓線
落針壓縫
串珠
NOEL
A
5
5
C
34
44
34

聖誕襪
前片 ❹　掛耳固定位置　後片 ❹
落針壓縫
貼布縫
刺繡（取2股繡線）
35.5
貼布縫
串珠
鈕釦
落針壓縫
自由地進行壓線
27　27

縫製方法
前片
胚布（正面）
後片
胚布（正面）
胚布（正面）
剪牙口
正面相對疊合前片與後片，縫合周圍，1片胚布保留餘份，將縫份修剪成2cm。

②
胚布（正面）
以保留餘份的胚布包覆縫份後，進行藏針縫。

袋口處理方法
固定位置稍微靠近完成線上方
袋口暫時固定絨球織帶
②
0.8cm滾邊
以寬3.5cm斜布條包覆後進行藏針縫
④
波形織帶
取2股繡線，以魚骨繡技巧進行固定。

掛耳
（原寸裁剪）
15
3
0.8（正面）
摺成四褶後進行車縫
③
胚布（正面）
對摺後，夾入滾邊部位，進行藏針縫。

原寸紙型
B

P.102迷你壁飾的原寸紙型
裝飾⊃　緞帶固定位置
輪廓繡（取3股繡線）
裝飾⊗
I

103

◆材料

相同　各式拼接用布片　鋪棉、胚布各50×50cm
抱枕心1個

No.17　I、J用布65×55cm（包含裡布部分）　長40cm拉鍊1條

No.18　G用布2種各45×15cm　裡布50×50cm
長40cm拉鍊1條

No.19　裡布65×50cm

◆作法順序

No.17　拼接A至H布片，完成16片圖案，周圍接縫I、J布片，完成表布→疊合鋪棉與胚布，進行壓線→裡布安裝拉鍊後，與表布正面相對疊合，縫合周圍。

No.19　拼接A至F布片，完成9片圖案，拼縫圖案，完成正面表布→如同No.17作法完成縫製。

No.18　鋪棉描畫圖案與G布片的記號→疊合胚布，以快速壓縫手法（請參照P.22）完成9片圖案→接縫G布片，進行壓線→裡布安裝拉鍊後，與表布正面相對疊合，縫合周圍。

◆作法重點

○製作No.18，原寸裁剪寬2.5cm的帶狀布片，預留縫份0.7cm，以快速壓縫法完成縫製。

○進行捲針縫或車縫Z形針目，處理No.17、No.18周圍縫份。

完成尺寸　No.17 44×44cm　No.18 43×43cm
No.19 45×45cm

No.18

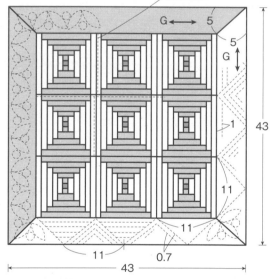

圖案的配置圖

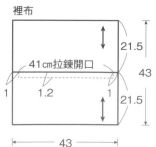

No.17

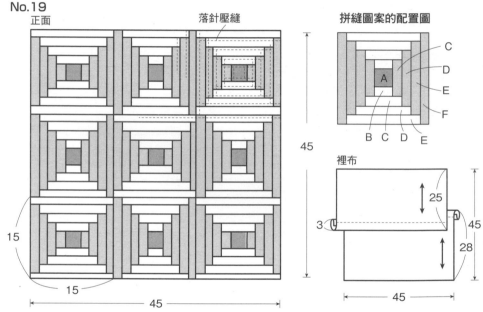

No.19

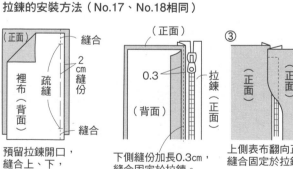

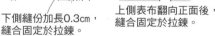

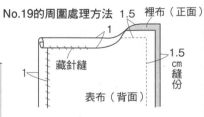

拉鍊的安裝方法（No.17、No.18相同）

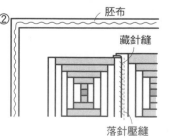

①預留拉鍊開口，縫合上、下，進行疏縫。

②下側縫份加長0.3cm，縫合固定於拉鍊。

③上側表布翻向正面後，縫合固定於拉鍊。

No.19的周圍處理方法

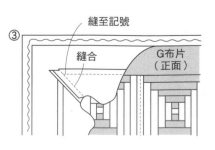

正面相對疊合表布與裡布，縫合周圍，以裡布包覆縫份，進行藏針縫。

No.18的表布彙整方法

①描畫鋪棉、9片圖案、邊飾的完成線。

②疊合胚布後，由圖案中心開始，進行快速壓縫，接縫處進行藏針縫。

③周圍正面相對疊合G布片，進行縫合後，翻向正面，進行壓線。

◆材料（各1件的用量）

相同　寬0.5cm布用雙面膠帶、接著劑

No.67　火焰A用紅色素布、底布各10×10cm
火焰B用黃色素布5×5cm　蠟燭用白色毛氈布
20×5cm　寬0.3cm緞帶30cm　金蔥粉、棉花
各適量

No.66　火焰A用紅色素布、底布各10×10cm
火焰B用黃色素布5×5cm　蠟燭用白色毛氈布
20×5cm　寬0.3cm緞帶30cm　金蔥粉、棉花
各適量

No.68　身體用紅色素布15×15cm　臉部用白
色毛氈布5×5cm　鋪棉、補強片用紅色毛氈
布各10×10cm（包含手腳部分）腰帶用黑
色毛氈布15×5cm　直徑0.2cm紅色串珠1顆
直徑1.5cm白色小絨球5顆　帶釦用緞帶、棉
花各適量

No.65　本體用布35×20cm　長10cm包膠鐵
絲6條　寬1.2cm緞帶85cm　鋁箔適量（靴
韃）表布、裡布各15×20cm　長10cm包膠鐵
絲4條　寬1.2cm緞帶35cm

◆作法重點

○No.67的裡布與No.65的表布稍微裁大一
點，貼合表布（No.65裡布）後，整齊修
剪。

○No.65放入揉成直徑約5cm球狀的鋁箔。

完成尺寸　No.67 寬16cm
　　　　　No.66 大／高8cm 小／高6.5cm
　　　　　No.68 身高約15cm
　　　　　No.65 長9.11cm

蠟燭
（原寸裁剪）
毛氈布
5（3.5）
20
※（）為蠟燭[小]尺寸說明。

No.67（2片）❻

抓褶位置

表布（正面）
裡布（背面）
12.5
11
（原寸裁剪）
※裡布相同尺寸。
布用雙面膠帶

縫製方法

① 裡布（背面）表布（正面）
背面相對貼合表布與裡布，抓褶位置黏貼雙面膠帶。

② 2cm（另1片3cm）
③ 洗衣夾 表布（正面）抓褶
抓褶後黏貼。抓褶處塗抹接著劑後，以洗衣夾固定。

③ 金蔥粉混合接著劑，以牙籤塗抹。鈕釦
疊合2片花瓣的中央，塗抹接著劑後黏貼。中央的凹處以接著劑黏貼鈕釦。

No.66

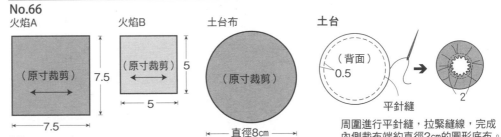

火焰A　（原寸裁剪）7.5／7.5
火焰B　（原寸裁剪）5／5
土台布　（原寸裁剪）直徑8cm
土台　（背面）0.5　平針縫　2
周圍進行平針縫，拉緊縫線，完成內側裁布端約直徑2cm的圓形底布。

火焰

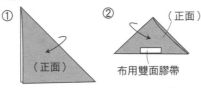

① （正面）背面相對摺成三角形

② （正面）布用雙面膠帶　再摺成三角形後，底邊黏貼雙面膠帶。

③ 2.5（2）朝著內側摺疊兩側後貼合。※（）為火焰B尺寸說明。

④ 摺疊面朝向後片　下部黏貼雙面膠帶火焰B也以相同作法完成製作

⑤ 火焰A 火焰B　火焰A中心疊合火焰B，包覆火焰B似地黏貼。

縫製方法

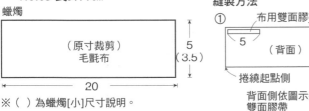
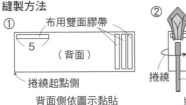
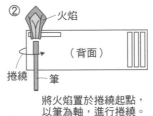

① 布用雙面膠帶 5（背面）捲繞起點側　背面側依圖示黏貼雙面膠帶。

② 火焰（背面）捲繞　筆　將火焰置於捲繞起點，以筆為軸，進行捲繞。

③ 棉花　抽出筆，空隙塞入棉花。

④ 緞帶 底布　以金蔥混合接著劑，以牙籤塗抹。以接著劑黏貼底布，將緞帶黏於喜愛位置。

No.68

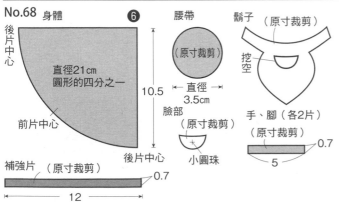

身體❻
後片中心
直徑21cm 圓形的四分之一
10.5
前片中心
補強片（原寸裁剪）0.7
12
後片中心

腰帶（原寸裁剪）直徑 3.5cm

鬍子（原寸裁剪）挖空
臉部（原寸裁剪）小圓珠

手、腳（各2片）（原寸裁剪）0.7
5

No.65 本體（6片）本體（4片）**縫製方法**

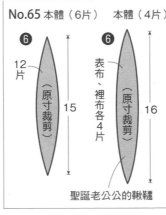
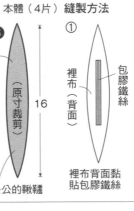

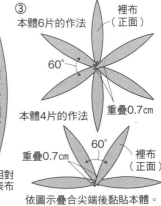

❻ 12片（原寸裁剪）12／15
❻ 表布、裡布各4片（原寸裁剪）16
聖誕老公公的靴韃

① 裡布（背面）包膠鐵絲　裡布背面黏貼包膠鐵絲

② 表布（正面）裡布（背面）背面相對貼合表布

③ 裡布（正面）本體6片的作法 60° 重疊0.7cm
本體4片的作法 60° 重疊0.7cm 裡布（正面）
依圖示疊合尖端後黏貼本體。

④ 重疊0.7cm
⑤ 長50cm緞帶穿套後打結　長35cm緞帶打蝴蝶結後固定　緞帶中央部位黏貼5cm膠帶，對摺後穿套

身體

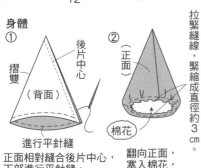

① 摺雙（背面）後片中心　進行平針縫　正面相對縫合後片中心，下部進行平針縫。

② （正面）棉花　拉緊縫線，緊縮成直徑約3cm　翻向正面，塞入棉花，拉緊平針縫的縫線。

縫製方法

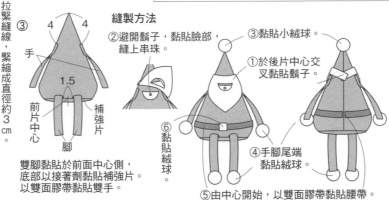

4 4 手 1.5 前片中心 腳 補強片

②避開鬍子，黏貼臉部，縫上串珠。

③黏貼小絨球。

①於後片中心交叉黏貼鬍子。

④手腳尾端黏貼絨球。

⑤由中心開始，以雙面膠帶黏貼腰帶。

⑥黏貼絨球。

雙腳黏貼於前面中心側，底部以接著劑黏貼補強片。以雙面膠帶黏貼雙手。

立起本體，依序疊合端部後進行黏貼。

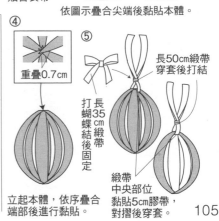

◆材料
各式拼接用布片　本體用布45×35cm　單膠鋪棉50×35cm　裡袋用布100×25cm（包含袋蓋胚布、包釦部分）　薄單膠鋪棉35×25cm　滾邊用寬3.5cm斜布條110cm　直徑0.3cm蠟繩10cm　直徑1.5cm包釦心2顆　直徑2.2cm磁釦1組（縫式）　長120cm附活動鉤皮革肩背帶1條

◆作法順序
拼接A至C布片，完成9片「紡紗機」圖案（拼縫順序請參照P.81）後，進行拼縫→接縫D布片，完成袋蓋表布→黏貼薄鋪棉，疊合胚布，進行壓線→進行周圍滾邊（請參照P.84，角上進行畫框式滾邊）→本體表布黏貼鋪棉，進行壓線→正面相對疊合2片裡袋，預留返口，縫合袋底→正面相對疊合本體與裡袋，依圖示完成縫製→固定吊耳，鉤上肩背帶。

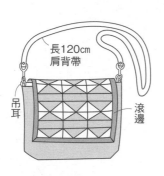

長120cm
肩背帶

吊耳

滾邊

完成尺寸
17.5×25cm

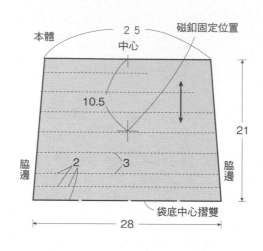

本體

25
中心
磁釦固定位置

10.5

21

脇邊

脇邊

2　3

袋底中心摺雙

28

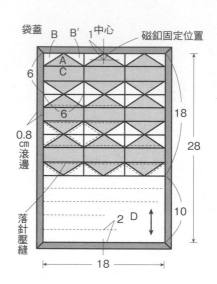

袋蓋　B B' 中心　磁釦固定位置

A
C
6

6

0.8cm滾邊

18

28

落針壓縫

2 D

10

18

裡袋（2片）

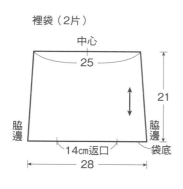

中心
25

21

脇邊　脇邊

14cm返口　袋底

28

縫製方法

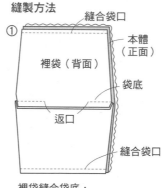

① 縫合袋口
裡袋（背面）
本體（正面）
袋底
返口
縫合袋口

裡袋縫合袋底，
本體完成壓線後，
正面相對疊合，縫合袋口。

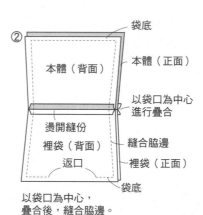

② 袋底
本體（背面）
本體（正面）
以袋口為中心進行疊合
燙開縫份
裡袋（背面）
縫合脇邊
返口
裡袋（正面）
袋底

以袋口為中心，
疊合後，縫合脇邊。

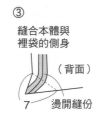

③ 縫合本體與裡袋的側身
（背面）
7　燙開縫份

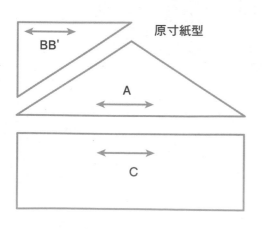

原寸紙型

BB'

A

C

吊耳

1　長5cm蠟繩
本體（背面）　1.5　脇邊

對摺蠟繩，以藏針縫固定於本體。

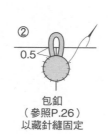

② 0.5
包釦
（參照P.26）
以藏針縫固定

③ 裡袋（正面）
0.8cm車縫
本體（正面）

由返口翻向正面，
縫合返口，
袋口車縫。

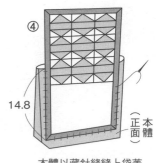

④ 14.8
正面　本體

本體以藏針縫縫上袋蓋

P56 No.71肩背包 ●紙型B面❻

◆材料

各式拼接、貼布縫用丹寧布片　B、B'用布110×40cm（包含後片、滾邊、吊耳、肩背帶部分）　單膠鋪棉、裡袋用布各75×25cm　長30cm拉鍊1條　內尺寸1.8cm　D形環、內尺寸1.8cm長3.6cm活動鉤各2個　寬0.6cm心形配件6個

◆作法順序

以紙襯拼接A布片後，接縫B、B'布片→進行貼布縫，完成前片表布→黏貼鋪棉，進行壓線→後片也以相同作法進行壓線→縫尖褶→製作裡袋、肩背帶、吊耳→依圖示進行縫製。

◆作法重點

○完成後片縫製後，於貼布縫上最喜愛的位置加上配件，進行彩繪。

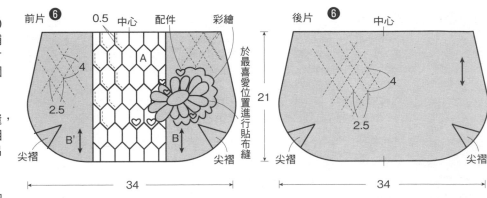

前片 ❻　0.5　中心　配件　彩繪　2.5　4　A　B'　B　尖褶　尖褶　34

後片 ❻　中心　於最喜愛位置進行貼布縫　4　2.5　21　尖褶　尖褶　34

※裡袋為一整片相同尺寸布料裁成。

※裡袋為一整片相同尺寸布料裁成。

◆材料

各式拼接用布片　寬3.5cm斜布條2⋯

◆作法順序

拼接A至G、H至⋯　拼縫→周圍接縫⋯　進行壓線→進行⋯

◆作法重點

○A至G布片拼接⋯　P.60。

○角上進行畫框式⋯

完成尺寸　57.5×

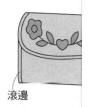

肩背帶　拉鍊　滾邊

完成尺寸　22×34cm

吊耳

（2片）　（原寸裁剪）　6　8

① （正面）　2　摺成四褶進行車縫

② D形環　穿套D形環

肩背帶

（原寸裁剪）　8　110

① （正面）　1　2

摺疊兩邊端縫份後，摺成四褶，進行車縫。

② 2.5　穿套D形環後車縫固定

活動鉤

縫製方法

① 後片（正面）

前片（背面）

尖褶縫份交互倒向不同側

前片與後片縫尖褶後，正面相對疊合，進行縫合。裡袋也以相同作法進行縫合。

② 1cm滾邊　疏縫　2　（正面）　脇邊

兩脇邊暫時固定吊耳，進行袋口滾邊。

③ 星止縫　藏針縫　裡袋（正面）　本體（正面）

安裝拉鍊後，進行藏針縫，放入裡袋。

紙襯式拼接

① 紙型（背面）　0.7cm縫份

② 紙型（正面）　捲針縫

布片疊合紙型後，分別摺入各邊縫份，連同紙型一起進行疏縫。

正面相對疊合布片，各邊分別進行藏針縫。

③ （正面）

拼接必要布片後，以熨斗整燙邊形狀，拆掉疏縫線，取出紙型。

原寸紙型&貼布縫圖案

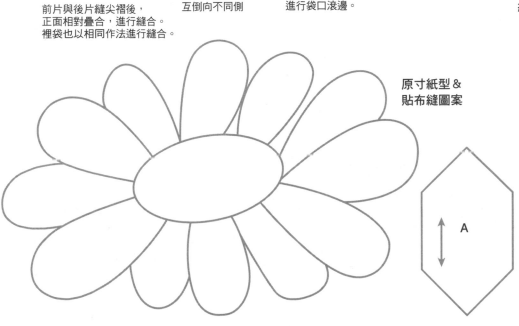

A

◆材料
小手提包 各
110×40cm
50×35cm 脇
分） 長28cm扌
70cm 手藝用
蛙嘴口金包 扌
接著襯各25×
適量
◆作法順序
小手提包 拼扌
列→接縫B與C
壓線→依圖示
以藏針縫縫於
蛙嘴口金包
面對疊合前片
◆作法重點
○圖案的拼縫厈
○小手提包的
 序完成製作
○小手提包的补

完成尺寸 小
 口

底板

（2片）

返
口 （背面）

正面相對疊
放入底板，

口金包

（2片）

貼布縫

※裡袋為一整

108

◆材料
相同 各式拼接用布片
手提包 本體用芥末色印花布55×60cm（包含滾邊部
分） 鋪棉、胚布（包含補強片部分）各90×30cm 長32
cm皮革提把1組
波奇包 G布片用芥末色印花布50×25cm（包含H布片、
滾邊部分） 鋪棉、胚布、裡袋用布各30×25cm 長18cm
拉鍊1條
◆作法順序
手提包 拼接A至F布片，完成2片圖案，進行拼縫，完成
2片口袋表布→疊合鋪棉與胚布，進行壓線，進行周圍滾
邊→前片與後片也以相同方法進行滾邊→前片與後片分別
縫合固定口袋，依圖示完成縫製。
波奇包 拼接A至H布片，完成表布→疊合鋪棉與胚布，
進行壓線→正面相對由袋底中心摺疊，依圖示完成縫製。
◆作法重點
○圖案的拼縫順序請參照P.81。
○手提包縫份處理方法請參照P.85方法A。
○波奇包裡袋如同本體作法進行縫合。

完成尺寸 手提包24.5 × 25cm
　　　　　波奇包12.5 × 20cm

手提包

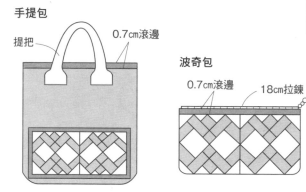

提把　0.7cm滾邊

波奇包

0.7cm滾邊　18cm拉鍊

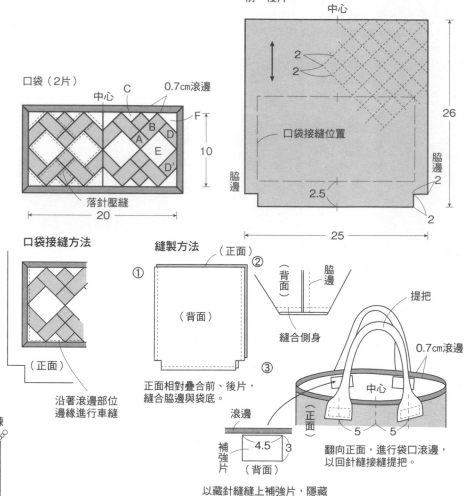

前、後片

口袋（2片）

中心　C　0.7cm滾邊

F
B D
A
E
D'

10

落針壓縫

20

口袋接縫方法

（正面）

沿著滾邊部位
邊緣進行車縫

縫製方法

① （正面）　②

（背面）　脇邊

（背面）

縫合側身

正面相對疊合前、後片，
縫合脇邊與袋底。

③

滾邊

補強片 4.5 3

（背面）

中心

2
2

26

脇邊 2

2.5

25

2

提把

0.7cm滾邊

（正面）

5　5

翻向正面，進行袋口滾邊，
以回針縫接縫提把。

以藏針縫縫上補強片，隱藏
手提包內側的提把接縫針目。

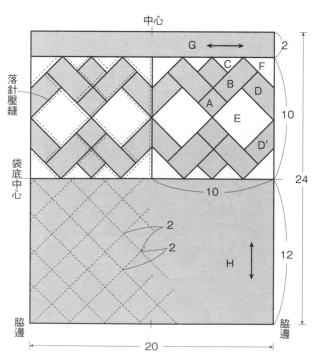

中心

G

C F
B
A D
E
D'

落針壓縫

袋底中心

10

10

24

2
2

H

12

脇邊

脇邊

20

裡袋

中心

脇邊

摺雙

脇邊

12

20

原寸紙型（相同）

A

DD'

E

B

F

C

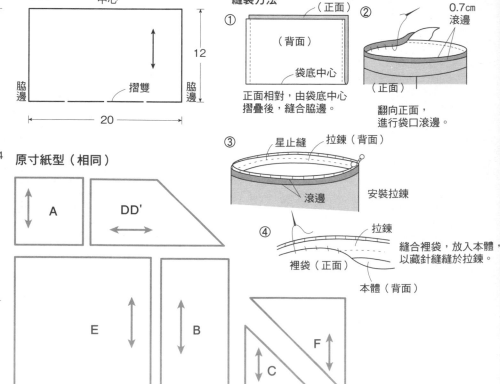

縫製方法

① （正面）　②　0.7cm滾邊

（背面）

袋底中心

正面相對，由袋底中心
摺疊後，縫合脇邊。

（正面）

翻向正面，
進行袋口滾邊。

③ 星止縫　拉鍊（背面）

滾邊

安裝拉鍊

④ 拉鍊

裡袋（正面）

本體（背面）

縫合裡袋，放入本體，
以藏針縫縫於拉鍊。

No.9壁飾 ●紙型A面⑱

◆材料
各式拼接用布片 I、J用布100×135cm（包含滾邊部分） 鋪棉、胚布各110×150cm

◆作法順序
拼接布片完成48片圖案→拼縫成6×8列後，接縫I與J布片，完成表布→疊合鋪棉、胚布，進行壓線→進行周圍滾邊。

◆作法重點
○圖案翻轉90度或180度後配置，進行配色，使菱形圖案浮出而顯得更立體。
○以聚集著圖案角上部位的8片菱形布片，進行配色，使「檸檬星」圖案浮出而顯得更立體。
○角上進行畫框式滾邊（請參照P.84）。

完成尺寸　140×108cm

圖案的配置圖 ⑱

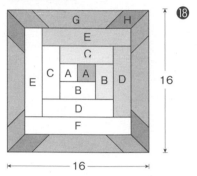

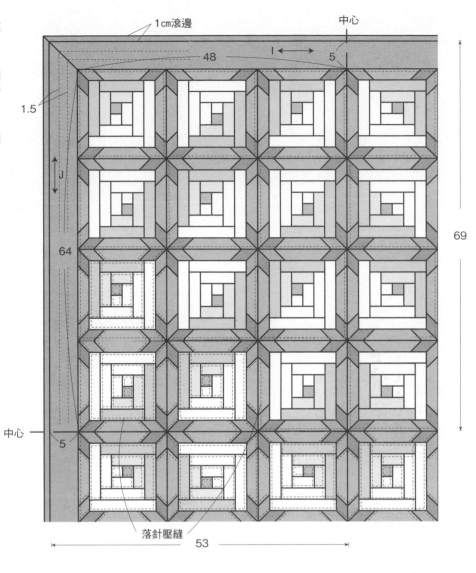

No.16壁飾 ●紙型A面㉕（原寸壓線圖案）

◆材料
拼接用白色素布110×65cm（包含E、F布片與滾邊部分） 拼接用紅色素布、藍色素布各110×25cm 鋪棉、胚布各65×50cm

◆作法順序
完成24片圖案→拼縫成4×6列後，接縫E與F布片，完成表布→疊合鋪棉、胚布，進行壓線→上下左右依序進行周圍滾邊。

◆作法重點
○拼接B至D布片，以白色素布與藍色素布進行「明暗」配色，完成20片圖案，以及單純由白色素布進行配色，完成4片圖案。「明暗」配色的圖案翻轉90度，進行配置，完成5個小區塊，使菱形圖案浮出而顯得更立體。

完成尺寸　62×44cm

圖案的配置圖

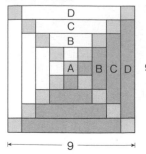

原寸紙型

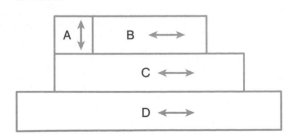

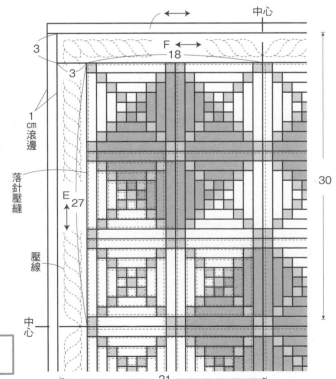

PATCH WORK 拼布教室

國家圖書館出版品預行編目(CIP)資料

Patchwork拼布教室.20：手作之秋，我的小木屋拼布選色企劃 / BOUTIQUE-SHA授權；彭小玲・林麗秀譯.
-- 初版. -- 新北市：雅書堂文化, 2020.11
面；　公分. -- (PATCHWORK拼布教室；20)
ISBN 978-986-302-558-0(平裝)

1.拼布藝術 2.手工藝

426.7　　　　　　　　　　　　　　10901623

授　　　　權／BOUTIQUE-SHA
譯　　　　者／彭小玲・林麗秀
社　　　　長／詹慶和
執 行 編 輯／黃璟安
編　　　　輯／蔡毓玲・劉蕙寧・陳姿伶
封 面 設 計／韓欣恬
美 術 編 輯／陳麗娜・周盈汝
內 頁 編 排／造極彩色印刷
出 　 版 　 者／雅書堂文化事業有限公司
發 　 行 　 者／雅書堂文化事業有限公司
郵 政 劃 撥 帳 號／18225950
郵 政 劃 撥 戶 名／雅書堂文化事業有限公司
地　　　　址／新北市板橋區板新路206號3樓
電　　　　話／(02)8952-4078
傳　　　　真／(02)8952-4084
網　　　　址／www.elegantbooks.com.tw
電 子 郵 件／elegant.books@msa.hinet.net

原書製作團隊

編 輯 長／関口尚美
編 輯 人 員／神谷夕加里
編 輯 協 力／佐佐木純子・三城洋子
攝　　　影／島田佳奈（本誌）・山本和正
設　　　計／和田充美（本誌）・小林郁子・多田和子・
　　　　　　松田祐子・松本真由美・山中みゆき
製　　　圖／大島幸・小山惠美・近藤美幸・櫻岡知榮子・
　　　　　　為季法子
繪　　　圖／木村倫子・三林よし子
紙型描圖／共同工芸社・松尾容巳子

PATCHWORK KYOSHITSU (2020 Autumn issue)
Copyright © BOUTIQUE-SHA 2020 Printed in Japan
All rights reserved.
Original Japanese edition published in Japan by BOUTIQUE-SHA.
Chinese (in complex character) translation rights arranged with BOUTIQUE-SHA
through KEIO CULTURAL ENTERPRISE CO., LTD.

2020年11月初版一刷　定價／380元

總經銷／易可數位行銷股份有限公司
地址／新北市新店區寶橋路235巷6弄3號5樓
電話／（02）8911-0825　傳真／（02）8911-0801